Der

# Granit des Riesengebirges

und die

## ihn umgebenden Gebirgs-Familien.

Eine geognostische Skizze

von

Karl von Raumer,
Bergrath und Professor in Breslau.

Berlin, 1813.
In der Realschul-Buchhandlung.

„Nos autem, si qua in re, vel male credidimus, vel obdormivimus et minus attendimus, vel defecimus in via et inquisitionem abrupimus: nihilominus iis modis res nudas et apertas exhibemus, ut errores nostri, antequam scientiae massam altius inficiant, notari et separari possint, atque etiam ut facilis et expedita sit laborum nostrorum continuatio."

Baco.

Dem

Königl. Geheimen Staatsrath

und Ritter des rothen Adlerordens

Herrn von Schuckmann

dankbar gewidmet.

# Inhalt.

# Vorbericht.

Ich bereiste im Sommer 1811 zum erstenmale das Niederschlesische und Glätzische Gebirge, in Auftrag einer hohen Section für das Berg- und Hüttenwesen in den Königl. Preußischen Staaten. Der Zweck dieser Reise war eine geognostische Orientirung im Allgemeinen.

In gleichem Auftrage untersuchte ich im Sommer 1812 das Riesengebirge genauer, und entwarf nach den gemachten Beobachtungen die vorliegende Beschreibung und

Karte. Zugleich stellte ich eine geognostisch-geographische Sammlung von 514 Stücken, die ich auf der Reise geschlagen, im hiesigen akademischen Mineraliensaal auf, und zwar in einer, der Beschreibung und Karte sich anschließenden Ordnung. —

Ich bitte den Leser, mein kleines Werk für das zu nehmen, wofür ich es ausgebe, für eine Skizze, für die ersten rohen Umrisse einer Darstellung des Gebirges, in welche noch mühsam hinein gearbeitet, und an denen wahrscheinlich hier und da gebessert werden muß. Wie der Maler das Gesicht, welches er portraitiren will, erst ganz auffaßt und die Conturen desselben fertig zeichnet, ehe er einen Theil desselben besonders fixirt und ausmalt; so muß der Geognost zuerst ein Gebirgsganzes und seine Hauptverhältnisse auffassen und skizziren, ehe er irgend einen besondern Theil und besonderes Verhältniß des Gebirgs einzeln betrachtet und darstellt.

Deshalb ist z. B. die spezielle Untersuchung und Beschreibung des geognostischen Vorkommens der metallischen Fossilien, im bereisten Gebirgsbezirk für die künftige genauere Ausarbeitung verspart. —

Was ich in meiner Schrift von fremden Beobachtungen benutzt habe, ergiebt sich aus den Amerkungen.

Ich werde erst dann ein Urtheil über meine Vorgänger äußern, wenn ein genaueres Studium ihrer Schriften und eine durchdringendere Kenntniß des Gebirgs mich in den Stand setzen, Gebirge und Schriften zu vergleichen, und diese nach Maasgabe ihrer Übereinstimmung mit jenem zu würdigen.

Die Mängel meiner Arbeit habe ich, so gut ich sie nur selbst kannte, angegeben. Mögte Eine Hohe Section — welche schon so viele Beweise ihres Interesse für die Geognosie dargelegt — mir durch einen neuen Auftrag Gelegenheit geben, diesen Mängeln abzuhelfen, um mich nach Kräften dem Ideal einer Darstellung des Gebirges durch Beschreibung, Karte und Sammlung zu nähern, einer Darstellung, deren Wahrheit mit dem Gebirge stände und fiele. —

Breslau im December 1812.

Der

# Granit des Riesengebirges

und

die ihn umgebenden Gebirgs-Familien.

---

Eine geognostische Skizze.

# I.

## Gränze des untersuchten Gebirgsbezirks.

§. 1.

(1) Die Gränze des untersuchten Gebirgsbezirks, fällt mit der Gränze der Karte zusammen, welche gegenwärtiger Untersuchung beigefügt ist.

# II.

## Der Granit.

§. 2.

### Gränze des Granits.

Die auf der Karte roth illuminirte Partie bezeichnet den Theil dieses Bezirks, welcher von Granit eingenommen wird.

Die Gränze des Granits läuft vom westlichen Fuße der Schneekoppe in S. W. Richtung (2) nach dem Weißwasser-Abhang des Ziegenrückens, von da durch W. in W. N. W. Richtung weiter über den Vereinigungspunkt von Weißwasser und Elbe, der Elbseite des Krknosch Berges nach, über den nördlichen Abhang der Kesselkoppe und den Mummelkamm auf Harrachsdorf zu. Hier wendet sich diese Gränzlinie durch W. in S. W. nach Przichowitz, Hammerdorf und Sbitky, von wo aus sie der vorigen westnordwestlichen Richtung wieder folgt, indem sie zwischen Seidenschwanz und Langenbrück einerseits, Schumburg, Kukan, Rädl und Schinsdorf andererseits durchläuft. In der Gegend von Langenbrück zieht sie sich mehr in N. W., so daß sie den Jeschkenberg links, Rochlitz, Reichenberg und Machendorf rechts liegen läßt. Von Machendorf aus wendet sie sich weiter aus N. W. durch N. in N. O., und zieht links von Schönborn und Einsiedl, rechts von Christophsgrund, Kratzau und Neuendorf auf Mühlscheiben zu, läßt Wüst-Olbersdorf links liegen, und setzt in mehr östlicher Richtung durch Ober-Raspenau nach Liebwerda. Von hier wendet sie sich in S. O. Die Spitze der Tafelfichte bleibt ihr links, und sie läuft längst der Iserseite des hohen Flinsberger-Kamps, über die obersten, nach den Kamphäusern zu gelegenen Häuser der sogenannten großen Iser, zwischen

Carlsthal und dem weißen Flinsberg durch nach dem Hohenstein bei Schreibershau. Hier biegt sie aus S. O. durch O. in O. N. O., folgt dem nach dem großen Zacken zu gelegenen Abhange des Schwarzenbergs, läßt Kaiserswalde, Voigtsdorf, Gotschdorf, den Hausberg und den Sechsstadterberg bei Hirschberg und Grunau links, Warmbrunn, Herisdorf und Hirschberg rechts. In der Gegend von Grunau wendet sie sich weiter aus N. O. durch O. in S. O., geht über Nieder-Berbisdorf, zwischen Maiwaldau und Cammerswalde durch auf Nieder-Seifersdorf und Kupferberg, wo sie sich zuletzt durch S. in S. W. wendet, und in dieser Richtung der Schneekoppe zuzieht, so daß Fischbach, Hohwiese, Schmiedeberg, Steinseiffen, Krummhübel und die kleine Koppe rechts, — Waltersdorf, der Ochsenkopfberg, Rothzechau, der Paß, Arensberg, die Forstbauden, Wolfshau und der Forstkamm links bleiben.

## §. 3.

### Oryktognostische Bestandtheile und Gefüge des Granits.

Die Art des Granits, welche in dem angegebenen Distrikte am verbreitetsten zu seyn scheint, besteht aus Feldspath von fleischrother, röthlich- gelblich- grünlich- und graulich-weißer Farbe, rauchgrauem

Quarze, der zuweilen in doppelt sechsseitigen Pyramiden krystallisirt ist, und pechschwarzen (3) Glimmerkrystallen in grobkörnigem Gefüge. In diesem Gemenge liegen öfters porphyrartig einzelne fleischrothe Feldspathpartieen von 1 bis 2 Zoll Länge, einer Breite, die ungefähr $\frac{1}{3}$ ihrer Länge beträgt, (4) und einer Dicke, welche meist der Breite gleich ist. Feldspath ist dem Volumen nach bei weitem vorherrschend in diesem Granit, demnächst Quarz, des Glimmers ist am wenigsten. (5) Das Gestein ist leicht nach unbestimmbaren Richtungen zersprengbar. Durch Verwitterung bleicht der fleischrothe Feldspath, so daß sich seine Farbe zuletzt in ein röthliches Grau und graulicheß Weiß verliert, das Gefüge wird zugleich lockerer; bei einem hohen Grade der Verwitterung wird der Granit ganz bröcklicht, und zerfällt zuletzt in Sand. (5b)

(6) Orte, wo diese Art des Granits vorkommt, sind: Berbisdorf, Seifersdorf, Fischbach, Lomnitz, Herisdorf, Schmiedeberg, Krummhübel, Seidorf, Herrnsdorf, Petersdorf, Schreibershau, Carlsthal, Kobelhäuser, Iserhäuser, Wittichenhäuser, Liebwerda, Hayndorf, Raspenau, Wüst-Olbersdorf, Einsiedl, Mühlscheiben, Schönborn, Rosenthal, Rochlitz, bei Reichenberg, Grunewald, Schlag, Morgenstern,

Zonawald, Polaun, Przichowitz, Wurzeldorf und andere.

Von dieser grobkörnigen Art aus verläuft sich der Granit einerseits in das höchst Grobkörnige, welches sich in ein massiges Auseinandertreten von Feldspath und Quarz verliert, wobei der Glimmer fast ganz verdrängt wird — ein solches Vorkommen ist z. B. bei Lomnitz — ; andererseits geht er ins Kleinkörnige über — wie an der Schneekoppe, am Ziegenrücken rc., in welchem Granit überdies die einzeln heraustretenden Feldspathkrystallen fehlen.

Granit von kleinerem Korn als an der Schneekoppe, fand ich am Vogelstein und Veigelstein, dem sich zuletzt der feinkörnige anschließt, welcher an den Schneegruben, dem großen Rade, der kleinen Sturmhaube, dem rothen Flosse, und eben so in mehreren tieferen Gegenden — bei Busch-Vorwerk, am Prudelberge, bei Herisdorf und Berbisdorf rc. vorkommt, an welchen letzteren Orten er öfters den grobkörnigen Granit durchsetzt.

Neben diesem Uebergange aus dem grobkörnigen Granit, durch den kleinkörnigen in feinkörnigen findet sich ein zweiter aus dem grobkörnigen porphyrartigen durch klein- und feinkörnig porphyrartigen in Feldspathporphyr. Es geht nämlich der im Granit vorherrschende grobkörnige Feldspath allmählig durch das höchst Feinkörnige in ein dichte Masse über, in welcher Masse kleine sechsseitige Doppelpyramiden von Quarz und unbestimmbare Feldspathkrystalle, meist von geringerer Größe wie im porphyrartigen Granit, eingewachsen sind. Kleine Glimmerschüppchen sind sparsam in diesen Porphyr eingesprengt.

Dergleichen Porphyr findet man am Ziegenrükken bei Ober-Steinseiffen, am langen Wasser oberhalb Busch-Vorwerk, und zwischen Seydorf und Arnsdorf, (7) wo er den grobkörnigen Granit durchsetzt. Auf dem Spitzberge bei Krammhübel und der kleinen Koppe nähert sich der porphyrartige Granit dem Porphyr.

Außer Feldspath, Quarz und Glimmer fand ich innerhalb des Granit-Distrikts eine Spur von Hornblende im Granit des Krknoschberges, des Ziegenrückens, des Schwarzenbergs bei Petersdorf, und des Spitzbergs bei Krummhübel, welcher letztere Granit sich dem Porphyr nähert — ferner im Porphyr von Seidorf. (8a) Schörl sah ich im Granit von Przichowitz.

Basalt findet sich auf dem Krulichten Buchberg und in der kleinen Schneegrube.

Metallische Vorkommnisse in diesem Bezirk sind:

1. Rother Eisenrahm. Eine Spur davon fand ich im Feldspathbruch bei Lomnitz;
2. Schwefelkies höchst fein eingesprengt im Granit der kleinen Koppe; und im
3. Porphyr bei Seidorf ebenfalls höchst fein eingesprengt.
4. Bleiglanz in Schwerspath fein eingesprengt bei Queckseiffen.
5. Schwefelkies, Molybdän und Rotheisenstein in der kleinen Schneegrube.
6. Bleiglanz bei der Mahlmühle von Schreibershau. (8 b)

Kalkstein oder Kalkspath fand ich innerhalb des Granit-Distrikts nirgends. (8 c) Ich sah das körnige Gefüge des Gesteins nie ins Flasrige — den Granit nie in Gneuß — übergehen. (8 d) Alle Veränderung des Gefüges spielt, wie schon erwähnt wurde, zwischen dem Extrem des Grobkörnigen — dem massigen Auseinandertreten der oryktognostischen Bestandtheile — ; und dem Extrem des Feinkörnigen — dem dichten Porphyrartigen.

## §. 4.

### Schichtungs- und Lagerungs-Verhältnisse des Granits.

Wie sich nirgends flasriges — viel weniger schiefriges — Gestein findet; so sah ich auch innerhalb der angegebenen Granitgränze nirgends geschichtetes — wie im Kleinen, so fehlt auch im Großen der Parallelismus. — (9) Der Granit ist rings von Gebirgslagern umgeben, welche ihn theils sichtlich bedecken, theils durch Abfallen von ihm deutlich zeigen, daß er ihr Grundgebirge ist. (10) Ich werde deshalb diesen Granit in der Folge zur Unterscheidung Central-Granit nennen.

## III.

## Die den Granit umgebenden Gebirgs-Familien im Allgemeinen.

### §. 5.

Die den Granit umgebenden Gebirgslager scheiden sich in 5 mehr oder minder scharf von einander getrennte Familien, welche im Verfolg näher charakterisirt werden sollen. Sie begränzen den Granit längst der im §. 2. angegebenen Gränzlinie also:

Die erste Familie begränzt ihn von Kratzau in Böhmen, bis Grunau bei Hirschberg.

Die zweite von Grunau, bis in die Gegend des Ochsenkopf-Bergs bei Kupferberg.

Die dritte vom Ochsenkopf-Berg bis zum Forstkamm.

Die vierte vom Forstkamm bis Hammerdorf in Böhmen.

Die fünfte von Hammerdorf bis Kratzau, bis zu dem Punkte, von welchem ich ausging.

---

## A.

## Die erste den Granit begränzende Familie des Granit-Gneußes.

### §. 6.

#### Gränze der Granit-Gneuß-Familie.

Die auf der Karte graulich blau illuminirte Partie bezeichnet den Distrikt, welcher die erste den Central-Granit begränzende Familie — die des Granit-Gneußes — einnimmt. Das innerhalb dieser Partie sich findende blaßgrüne Feld bedeutet ein, der Granit-Gneuß-Formation untergeordnetes Glimmerschieferlager, in welchem Felde wieder blau angelegte Streifen, dem Glimmerschiefer untergeordnete Kalksteinlager anzeigen. Die Gränze zwischen dem Central-Granit und der Granit-Gneuß-Formation von Kratzau bis Grunau ist aus dem 2ten §. bekannt.

Von Grunau aus wird diese Formation äußerlich durch andere unten näher zu charakterisirende Gebirgslager begränzt, und zwar in einer Linie, welche also in nordwestlicher Richtung läuft, daß sie den Kahleberg bei Bober-Röhrsdorf, Mauer, Wüntschendorf, Röhrsdorf, Schmottseiffen und Welkersdorf rechts — den Sechsstädter-Berg am rechten Bober-Ufer, Bober-Röhrsdorf, Bober-Ullersdorf, Neumühl, Matzdorf, Ullersdorf, Geppersdorf und Krummen-Öls links liegen läßt.

Weiter ist mir die Gränze dieser Granit-Gneuß-Formation nicht bekannt, wie weit ich dieselbe überhaupt untersucht habe, zeigt die Illumination an.

## §. 7.

### Oryktognostische Bestandtheile und Gefüge des Hauptgesteins der 1ten Familie.

Granit und Gneuß, die vorherrschenden Gebirgsarten dieser Familie, wechseln mit einander auf größeren oder kleineren Strecken ab.

Der Granit findet sich vom grobkörnigen bis zum sehr feinkörnigen Gefüge. Ersterer ist jedoch am häufigsten, (11) in ihm der grobkörnige Feldspath, dessen Farbe vorzüglich lavendelblau und graulichblau ist.

Nächst dem Feldspath herrscht der Quarz. Seine Farbe ist zum Theil von der des blauen Feldspaths kaum zu unterscheiden, (12) theils ist sie gelblich- grau und rauchgrau. Deutlich krystallisirt fand ich ihn nicht.

Der Glimmer, welcher dem Volumen nach zuletzt steht, ist pechschwarz, meist nicht in Krystallform, sondern nur in größern und kleinern Tupfen von über einander gehäuften Schüppchen.

In der grobkörnigen Masse von Feldspath, Quarz und Glimmer liegen öfters porphyrartig, einzelne lavendelblaue, und blaulich graue größere Feldspathpartien.

Durch Verwitterung bleicht die blaue Farbe des Feldspaths und geht ins blaulich-, graulich- und gelblich-weiße, zuletzt in's Erbsen- und Ockergelbe über. Die pechschwarze Farbe des Glimmers verliert sich theils ins Tombackbraune, theils ins schwärzlich Grüne und Silberweiße.

Das frische Gestein ist meist von bedeutender Festigkeit, welche nur durch einen hohen Grad von Verwitterung angegriffen wird.

Ich fand diesen Granit an folgenden Punkten: † bei den Flinsberger Kamphäusern — † zwischen Flinsberg und dem hohen Flinsberger-Kamp, — † an beiden Ufern des Queißes von Flinsberg aufwärts bis nach dem Ursprunge des Flusses, vornämlich in der Gegend, wo sich die Tränkebach mit ihm verbindet; — am Humrich-Berge bei Flinsberg, — am Ramrich-Berge bei Ludwigsdorf, — am Kirschberge bei Seifershau, † — am Eulenstein zwischen Petersdorf und Seifershau. † Am Biberstein bei Kaiserswalde, — † zwischen Kaiserswalde und Voigtsdorf, bei † Hennersdorf, unweit Meffersdorf, — † Rabishau, — Langwasser — Geppersdorf — † Hennersdorf unweit Liebenthal, — † Johnsdorf — † Ullersdorf — † Spiller — † zwischen Kemnitz und Lauspelz (Laudis palatium) am Kummerhort, — † bei Gotschdorf, — † zwischen Gotschdorf und dem Bober an mehreren Punkten; z. B. am Helicon bei Hirschberg, — † am Sechsstädter-Berge — † bei Bober-Röhrsdorf — † Bober-Ullersdorf — † Neumühl.

Diesem grobkörnigen Granit korrespondirt ein grobflasriger Gneuß, dessen oryktognostische Bestandtheile einzeln betrachtet, denen jenes Granits, sowohl im frischen als verwitterten Zustande ganz ähnlich sind. Nur ist der Glimmer häufiger tombackbraun und silberweiß, und legt sich in dünnen, wellenförmigen, parallelen Lagen um Feldspath und Quarz herum. Zuweilen sind diese Lagen nicht vollkommen zusammenhängend, sondern der Glimmer zeigt sich nur streifenweise, ja selbst nur in Tupfen auf dem Hauptbruche.

Doch tritt auch hier das Gleichlaufende bei Betrachtung des Queerbruchs deutlich hervor. Der Quarz bildet meist längliche schmale, der Feldspath kurze dicke Nieren in diesem Gneuße. Je nachdem die Dicke der Nieren abnimmt, wird das Gestein feinflasriger, und nähert sich zuletzt dem Glimmerschiefer.

Dieser grobflasrige Gneuß findet sich an den mit einem † bezeichneten Fundorten des grobkörnigen Granits, außerdem zwischen Meffersdorf und Schwerta in der Laüsitz, bei Bergstraß, bei Krobsdorf im Queiß, Friedeberg, zwischen Geppersdorf und Schmottseiffen, bei Börngrütz, Hindorf, Kemnitz, Bertelsdorf, zwischen Riemendorf und Neumühl, am Lauspelz und bei Reimnitz. (13)

Seltener ist, wie erwähnt, der feinkörnige Granit und der ihm korrespondirende schmalflasrige Gneuß. Die Verwadtschaft des grobkörnigen und grobflasrigen Gesteins, mit dem feinkörnigen und schmalflasrigen, läßt sich verfolgen; ich fand auch die grobkörnige Art des Granits mit der feinkörnigen verwachsen. Genau betrachtet liegt der Unterschied zum Theil nur in der Größe der oryktognostischen Bestandtheile.

Der Quarz spielt auch hier, theils ins Blaue, theils ist er gelblich und rauchgrau — der Glimmer, welcher nur sehr sparsame Flecken bildet, ist ebenfalls pechschwarz, und der Feldspath blaulich grau. Doch zieht sich dieser weit öfterer ins Gelbe, und wird unterweilen so feinkörnig, daß er sich dem Dichten nähert. Aus der feinkörnigen Masse treten einzelne Feldspathpartien porphyrartig heraus, wie beim grobkörnigen Granit, nur daß die Partien kleiner sind.

Der schmalflasrige Gneuß korrespondirt, wie gesagt, dem feinkörnigen Granit. Meist sind seine oryktognostischen Bestandtheile denen des Granits gleich, und der Parallelismus des Gefüges ist allein das Unterscheidende. (14) Doch ist der Glimmer öfters silberweiß und grünlich grau.

Den schmalflasrigen Gneuß fand ich bei Krazzau, zwischen † Mühlscheiben und Hohwald, bei Wüst-Olbersdorf, zwischen Wüst-Olbersdorf und dem wüsten Guthe (bei Raspenau), bei Liebwerda, Carolinenthal, † Neustädl, † Hartmannsdorf, Mark-Lissa, auf der † Tafelfichte, † dem Hermsdorfer-Kamp, † dem hohen Flinsberger-Kamp, † in Krummen-Öls bei Liebenthal. An den mit einem † bezeichneten Punkten zeigt sich zugleich der feinkörnige Granit. (15a)

Nun finden sich auch, wie oben schon angedeutet wurde, Granit uud Gneuß, welche zwischen dem Feinen und Groben in der Mitte stehen, Mittel-Granit z. E. am Hirschenstein und bei Ober-Querbach, Mittel-Gneuß auf dem Hermsdorfer-Kamp, dem hohen Flinsberger-Kamp, auf dem Hinderberge, am Queiß bei Flinsberg, auf dem Kemnitzberge, bei Ottendorf, Neudorf unterm Greiffenstein rc.

In dem Granit von Flinsberg fand ich Schörl. (15b)

## §. 8.

### Das der Granit-Gneuß-Formation untergeordnete Glimmerschiefer-Lager.

Innerhalb des Bezirks der Granit-Gneuß-Formation findet sich ein mächtiges Lager von Glimmerschiefer, welches, wie erwähnt, auf der Karte durch blaßgrüne Illumination angezeigt ist.

Die Gränze dieses Lagers — im Liegenden wie wir weiter unten sehen werden — läuft von Raspenau aus in nordöstlicher Richtung über Mildenau, in mehr östlicher zwischen Liebwerda, der Tafelfichte einerseits; Lustorf, dem Sauberg, Kupferberge, Rappoldsberge bei Neustädtl und Schwarzbach andererseits, setzt unterhalb der Flinsberger Kirche durch den Queiß, zieht von da dergestalt weiter, daß der Keßler Schieferbruch links, der Haumrichberg rechts bleibt, nach Ober-Querbach und dem Hirschensteine zu, läßt ferner Antoniwald und den Kirschberg bei Seiffershau rechts, Cuntzendorf, Blumendorf, Hindorf links, setzt durch Ober-Chemnitz und endet zwischen Voigtsdorf und dem Kummerhort-Berge. (15c)

Im Hangenden läuft die Gränzlinie ebenfalls von Raspenau aus — als dem Punkte, wo sich das Lager westlich auskeilt — auf Neustädtl, Bergstraß, läßt Messersdorf links, setzt zwischen der untern Papiermühle von Ullersdorf und der Krobsdorfer Schenke durch den Queiß; weiter zwischen Giehren und Rabishau durch nach dem Kahlenberge zu, läßt Neusorge und Neu-Kemnitz links, Cuntzendorf und Hindorf rechts, setzt in Chemnitz durch die Chemnitz, und endet zwischen dem Kummerhort und Voigtsdorf an Einem Punkte mit der Gränzlinie im Liegenden, da hier das Ende des Lagers in S. O. ist. (16)

Der Glimmerschiefer dieses verhältnißmäßig sehr mächtigen Lagers ist theils grünlich- und blaulich-grau, theils silberweiß. Quarz enthält er häufig in dünnen Lagen, welche auch zu dicken Nieren — ja zu mächtigen Lagern anwachsen, dergleichen Lager z. B. am Hasenberge bei Flinsberg vorkömmt. Die den Glimmerschiefer so häufig begleitenden Granaten findet man bei Hindorf, Querbach, Giehren und Neustädl (am Rappoldsberge).

Blaulich-grauer feinkörniger Kalkstein liegt in diesem Glimmerschiefer zu Chemnitz, blaulich-grauer und gelblich-weißer feinkörniger bei Mildenau und Raspenau. (17 a)

## §. 9.

### Anderweitige, der Granit-Gneuß-Formation untergeordnete Lager.

Nun verdient noch das Gestein einiger andern zur Granit-Gneuß-Formation gehörigen Lager charakterisirt zu werden. Zuerst ein Gestein, welches sich längst der Gränze des Central-Granits vom Abendsteinberge über den Hohstein bei Schreibershau, den Kamm des Schwarzenbergs bis Hartamberg hinunter erstreckt. Meist besteht es aus tombackbraunen Glimmerschüppchen und graulich-gelbem Quarz in abwechselnden parallelen, theils graden, theils höchst gewundenen Lagen. Öfters scheinen Quarz und Glimmer wie zu einer schwärzlichen Masse zusammen geflossen zu seyn, in welcher faustgroße Partieen von reinem Quarz und von Granit eingewachsen sind. (17b)

Reiner Quarz findet sich bei Hartmannsdorf in der Lausitz, bei Krobsdorf, am Todtensteine bei Egelsdorf, am weißen Steine unweit Rabishau, (18) am weißen Flinsberge, bei Hennersdorf (unweit Liebenthal), Johnsdorf, Neu-Kemnitz, Alt-Kemnitz, Bertelsdorf u. s. w.

Ein Gestein, das aus Feldspath, Glimmer und Hornblende zusammengesetzt ist, zeigt sich anstehend an der Straße zwischen Reimnitz und Bertelsdorf, dem ähnliches fand ich bei Hennersdorf in der Lausitz in Blöcken. (19)

Eine dem Basalt sich nähernde Gebirgsart, nur etwas ins Grünliche fallend, ist unterhalb Neumühl, am linken Ufer des Bobers, mit Granit verwachsen, eben daselbst fand ich ein ähnliches, aber weicheres Gestein, in welchem Hornblend-Krystalle lagen.

Besonders verdient der im Bezirk der Granit-Gneuß-Formation sich findende Basalt Erwähnung. Er zeigt sich bei Krobsdorf, am Greiffenstein, bei Langwasser, bildete den Kahleberg bei Querbach, und den vom Kahleberg nach Neusorge hinziehenden Wikkenstein, verschiedene Kuppen bei Neusorge selbst, den Steinrücken zwischen Börngrütz und Neu-Kemnitz.

Im Basalt finden sich häufig die gewöhnlichen eingemengten Fossilien, als: Augit, Olivin ꝛc. (20)

§. 10.

Metallische Vorkommnisse in dem Bezirk der 1ten Familie

(21) Die metallischen Vorkommnisse im Bezirk der Granit-Gneuß-Formation sind folgende:

I. Im Liegenden des Glimmerschieferlagers. (22)

1. Schwefelkies im Gneuß bei Flinsberg.
† 2. Eisenglimmer am Hinderberge.
† 3. Schwefelkies am Hohstein bei Schreibershau.
† 4. Glanzkobold bei Schreibershau. (23)
† 5. Schwefelkies, Magneteisenstein, Magnetkies, dichter Brauneisenstein, Blende, bei Schreibershau.

II. Im Glimmerschiefer.

1. Magneteisenstein und Schwefelkies bei Raspenau.
2. Dichter Brauneisenstein am Sauberge bei Neustädl.
3. Weißer Speiskobold und Schwefelkies am Kupferberge bei Neustädl.
4. Schwefelkies, Zinnstein (mit Granaten) am Rappoldsberge bei Neustädl.
5. Schwefelkies bei Ullersdorf.
† 6. Glanzkobold und Zinnstein bei Krobsdorf.
† 7. Magneteisenstein am Regensberge.

† 8. Kupferkies, Schwefelkies, Magneteisenstein, Arsenikkies, Blende, Glanzkobold und Zinnstein bei Giehren.

† 9. Kupferkies, Kupferschwärze, Magneteisenstein, Magnetkies, Schwefelkies, Eisenglanz, Bleiglanz, Blende, Kupfernickel, Arsenikkies, Glanzkobold, Maria Anna zu Querbach.

† 10. Glanzkobold zu Hindorf.

11. Magnetkies im Kalksteinbruche zu Chemnitz.

### III. Im Hangenden des Glimmerschieferlagers.

† 1. Eisenglimmer und Schwefelkies bei Rabishau.

† 2. Schwefelkies im Hornblendgestein des Sattler bei Hirschberg.

### §. 11.

**Schichtungs- und Lagerungs-Verhältnisse der Granit-Gneuß-Formation und kurze Charakteristik ihrer äussern Gränzgebirgslager.**

Der Granit der Granit-Gneuß-Formation ist ungeschichtet, der Gneuß mehr oder minder deutlich. Meist jedoch undeutlich. (24)

Ziemlich unzweideutig waren folgende Abnahmen:

Liebwerda N. W.

Neustädl N.

Hennersdorf N. N. O.

Bergstraß bei Meffersdorf N. N. O.

Queiß bei Krobsdorf N. N. O.

Queiß bei Flinsberg an mehrern Punkten N. O.

Friedberg N. O.

Ottendorf N. O.

Matzdorf N. O.

Kaiserswalde N. O.

Vorzüglich deutlich geschichtet ist aber der der Gneuß = Granit = Formation untergeordnete Glimmerschiefer.

Ich machte folgende Abnahmen:

Raspenau N. W.

Mildenau N. W.

Carolinenthal N. W.

Bei Neustädl { Sauberg N. / Kupferberg N. / Rappoldsberg N. }

Tafelfichte nach Meffersdorf zu N.

Hasenberg bei Flinsberg N. N. O.

Ullersdorf N. N. O.

Krobsdorf N. N. O.

Kessel N. N. O.

Greiffenthal N. N. O.

Giehren N. N. O.

Förstel N. N. O.

Querbach N. N. O.

Zwischen Hindorf und Chemnitz N. N. O.

In Chemnitz N. N. O.

Zwischen Voigtsdorf und dem Kummerhort N. O.

Aus den angeführten Abnahmen ergiebt es sich: (25) daß der Central-Granit das Liegende der Granit-Gneuß-Formation sei. Unmittelbare Auflagerung habe ich nicht beobachtet.

Die innere Gränzlinie der Granit-Gneuß-Formation korrespondirt jedoch nur zum Theil dem Fallen des Gneußes — läuft seiner Streichungslinie parallel — nämlich ungefähr von Kratzau bis zum Hohstein bei Schreibershau. Hier springt diese Gränzlinie in ostnordöstlicher Richtung dermaßen vor, daß die in O. S. O. streichenden Lagen der Granit-Gneuß-Formation in ihrer Streichungslinie abgeschnitten werden. Besonders deutlich zeigt dies das untergeordnete Glimmerschieferlager, welches sich, wie erwähnt, zwischen Voigtsdorf und dem Kummerhort auskeilt, gerade auf der Gränze der Granit-Formation. (26)

Daß dieser Glimmerschiefer selbst der Granit-Gneuß-Formation untergeordnet sei, zeigen die angeführten Abnahmen. (27) Der Gneuß in seinem Liegenden fällt ihm zu, der in seinem Hangenden von ihm ab — er selbst fällt dem Gneuße (und Granit) in seinem Hangenden zu, vom Gneuße in seinem Liegenden ab. — Wo das Hangende der Granit-Gneuß-Formation zu suchen ist, ergiebt sich ebenfalls aus den angeführten Abnahmen. Doch kann ich nicht bestimmen, welche Gränzgebirgslager im Hangenden derjenige Theil der Granit-Gneuß-Formation habe, dessen Gränze im Liegenden von Kratzaus bis ungefähr in die Nähe des Iserkamms läuft. Auf den Durchschnittsreisen, die ich theils in den Gegenden von Mark-Lissa, theils weiter über Hirfeld, Herrnhut, Löbau, Bautzen nach Dresden gemacht habe, sahe ich — wo nicht die der Basalt-Formation angehörigen Gebirgsarten die Gegend deckten — Granit und Gneuß.

Erst etwa vom Iserkamm aus für den Durchschnitt ins Hangende zuletzt aus der Gneuß und Granit bei Krummen-Öls, in den Thonschiefer zwischen Neudorf und Krummen-Öls. Diese Thonschiefer bilden nun von hier an bis die Gegend des Kahlebergs bei Bober-Röhrsdorf längst der im

6. §. angegebenen südöstlich gerichteten Gränzlinie, das Hangende der Granit-Gneuß-Formation. Ihnen untergeordnet sind die Kalksteinlager von Welkersdorf, Schmottseiffen, Röhrsdorf, Wüntschendorf, Mauer und Bober-Rohrsdorf. Die Haupt-Streichungslinie dieser Lager läuft in S. O. parallel der oben erwähnten äussern Gränzlinie der Granit-Gneuß-Formation. Bei Welkersdorf und Mauer fallen Kalkstein und Schiefer jener Haupt-Streichungslinie entsprechend in N. O. (28) Längst dieser äussern Gränzlinie der Granit-Gneuß-Formation, kommen auf der Seite der Thonschiefer und der ihnen untergeordneten Kalksteinlager, folgende metallische Fossilien vor.

1. Schwefelkies im Kalksteinbruche bei Welkersdorf.
2. Schwefelkies bei Neudorf. (29)
† 3. Bleiglanz und brauner Eisenrahm bei Schmottseiffen.
4. Schwefelkies fein in Kalkstein eingesprengt. Eben daselbst.
† 5. Bleiglanz bei Röhrsdorf.
6. Schwefelkies fein in Kalkstein eingesprengt. Eben daselbst.

7. Brauner Glaskopf im Wüntschendorfer Kalksteinbruche.

---

## B.

## Die zweite den Central-Granit begränzende Familie, die grünen Schiefer.

### §. 12.

### Gränze der grünen Schiefer.

Die zweite, den Central-Granit begränzende Familie, ist die der grünen Schiefer. Sie ist auf der Karte durch saftgrüne Illumination bezeichnet. In der Gegend von Grunau gränzt sie mit den Formationen des Granit-Gneußes und der Thonschiefer züsammen. Von hier zieht sich ihre (innere) Gränzlinie südöstlich über Nieder-Berbisdorf, zwischen Maiwaldau und Cammerswalde durch auf Kupferberg, von da in mehr südlicher Richtung so weiter, daß der Ochsenkopfberg und der Friesensteinberg rechts, Rohnau und Röhrsdorf links bleiben, und wendet sich dann in der Gegend von Rothzechau mehr in S. W. auf Hohwalde, Haselbach und den Paß zu. Von hier nach den Gränzbauden und dem Passe zu, verlieren sich die grünen Schiefer. Die äussere Gränzlinie ist noch nicht bestimmt.

## §. 13.

### Gestein der grünen Schiefer und der ihnen untergeordneten Lager.

Das herrschende Gestein der 2ten Familie ist Schiefer, dessen Farbe sich aus dem Berggrünen durch das Olivengrüne, ins Schwärzlichgrüne zieht. Der Hauptbruch dieses Schiefers zeigt (30) bald eine mehr glatte glänzende, bald eine mehr feinfasrige matte Oberfläche. Jenes scheint auf Glimmer zu deuten, wie sich denn das Gestein unterweilen — z. E. in der Nähe der Clärner-Grube bei Berbisdorf — dem Glimmerschiefer nähert. Die feinen grünen Fasern dagegen scheinen Hornblende zu seyn. Öfters enthält der grüne Schiefer sehr kleine Feldspathkrystalle, wie bei Grunau, am Passe und zwischen dem Passe und Hermsdorf, häufig wechseln auch schmale grüne Lagen, mit Lagen von weißem körnigem Kalkstein — z. E. bei Berbisdorf, Seifersdorf und Rohnau. —

Besondere Erwähnung verdient die bei Kupferberg sich findende Art dieses Schiefers. In einigen Stücken wechseln berg- oder pistaziengrüne und schwärzlich-blaue Lagen, den Glimmer erkennt man deutlich in diesen Stücken; in andern, ausser dem Glimmer, auch Hornblende, Pistazit, dichten Feldspath und Granaten.

Als einzelne Vorkommnisse bemerke ich ein dichtes blaß-fleischrothes Feldspathgestein mit sparsam eingesprengten feinen Quarzpünktchen und fast unkenntlichen Glimmerschüppchen, das sich zwischen Grunau und Berbisdorf findet; ferner einen blaß-graulich-rothen Porphyr mit ockergelben Punkten, wenigem Quarz und gelblich-weißen weichen Flecken, die aufgelöster Feldspath zu seyn scheinen, der zwischen Seifersdorf und Kauffungen vorkommt; (31) zuletzt ein graulich-grünes, dichtes, halbhartes Gestein, das unweit des Rohnauer Werks, dann bei Pfaffendorf und Dittersbach bricht, am letztern Orte auch Pistazit enthält.

Der Kalkstein, von welchem ich oben sagte, daß er in dünnen Lagen mit dem grünen Schiefer wechselt, zeigt sich mächtiger in diesen Schiefern.

1. Bei Grunau. (32a)
2. Bei Berbisdorf, blaulich-grauer und gelblich-weißer feinkörniger.
3. Am Bleiberge unweit Kupferberg, graulich-weisser feinkörniger.
4. Auf der Friedericke Juliane bei Rudelstadt.

5. Bei Waltersdorf nahe bei Kupferberg, graulich-weisser feinkörniger.

6. Bei Rothzechau. Im alten Kalksteinbruche ist er schneeweiß, grobkörnig und bricht mit edlem Serpentin und Tremolith. Im neuen Kalksteinbruche ist der Stein schneeweiß und feinkörnig. (32 b)

Die wichtigsten in dieser Formation brechenden metallischen Fossilien sind:

1. Bleiglanz, Kupferkies (mit Flußspath und Schwerspath), Clärner-Grube bei Berbisdorf.
2. Bleiglanz, Blende, Kupferkies und Schwefelkies, bei Seifersdorf:
3. Kupferschwärze und Malachit, bei Jänowitz.
4. Magnetischer Eisenstein und rother Eisenrahm, bei Jänowitz.
5. Bleiglanz, schwarz, weiß, grün, (gelb?) Bleierz, bei Jänowitz.
6. Gediegen Silber, Glaserz, Rothgiltigerz, bei Kupferberg.
7. Gediegen Kupfer, Kupferglas, bunt Kupfererz, Kupferkies, Fahlerz, roth Kupfererz, Ziegelerz, Kupferlasur, Malachit, Kupfergrün, bei Kupferberg.

8. Magnetischer Eisenstein, Schwefelkies, Eisenglanz, Eisenglimmer, Rotheisenstein, bei Kupferberg.

9. Blende, bei Kupferberg.

10. Arsenikkies, bei Kupferberg.

11. Bleiglanz, bei Waltersdorf.

12. Arsenikkies, bei Waltersdorf.

13. Schwefelkies, bei Kreuzwiesen, Rohnau, Rothzechau, Haselbach.

Schwefelkies und Kupferkies sind übrigens sehr häufig fein in das Gebirgsgestein eingesprengt.

## §. 14.

### Schichtungs- und Lagerungs-Verhältniß der grünen Schiefer.

Die Schiefer sind meist deutlich geschichtet. Ich machte folgende Abnahmen:

Berbisdorf N. O.

Kupferberg N. O.

Rohnau ganz oben im Dorfe O. N. O. in O.

Rohnau nahe dem Werke S. O.

Scharlachberg bei Röhrsdorf S. O.

Rothzechau im neuen Kalk-Bruche S. O.

Hohwalde S. O.

(33) Aus diesen Abnahmen ergiebt es sich, wo das Liegende der grünen Schiefer zu suchen ist. Die

nordwestlichsten Schiefer folgen, wie es scheint, der Granit-Gneuß-Formation, von der Gegend bei Berbisdorf bis Kupferberg aber dem Central-Granit, wie sich denn auch am letztern Orte ihre unmittelbare Auflagerung auf Granit beobachten läßt. Unweit Waltersdorf schiebt sich ein Stückgebirge von Gneuß zwischen die grünen Schiefer und den Central-Granit ein, und bildet so bis in die Gegend des Passes bei Schmiedeberg das Liegende dieser Schiefer. Beim Passe fängt Glimmerschiefer an, ihre Stelle im Hangenden des Gneußes zu ersetzen, nach den Gränzbauden und Hermsdorf zu scheinen sie gänzlich aufzuhören. — Die Gränzgebirgslager der grünen Schiefer im Hangenden sind noch nicht hinlänglich bestimmt.

Die oben angegebene innere Gränzlinie der Schiefer repräsentirt zugleich ihre Streichungslinie. Denn sie läuft von Berbisdorf bis Kupferberg, wo die Schiefer in N. O. fallen, südöstlich, und wendet sich bei Rohnau durch S. in S. W., (34) korrespondirend dem angegebenen Fallen in O. und S. O.

## C.

## Die dritte, den Central-Granit begränzende Familie, der Gneuß.

### §. 15.

### Gränze der Gneuß-Familie.

Die dritte, den Central-Granit begränzende Familie ist die des Gneußes. Sie ist auf der Karte durch röthlich-graue Illumination bezeichnet. Ihre innere Gränze, welche sich aus der Gegend von Waltersdorf (bei Kupferberg) bis zum Abfall des Forstkamms nach der kleinen Lomnitz zu zieht, ist in §. 2. angegeben.

Die äußere Gränze, welche gleichfalls in der Gegend von Waltersdorf anfängt, ist bis zum Passe mit der inneren Gränze der grünen Schiefer identisch. Vom Passe zieht diese äußere Gränze des Gneußes also weiter, daß sie rechts am Eulenköppel, Mittelberge, der schwarzen Koppe und der Höhe des Forstkammes vorbeistreift. —

### §. 16.

### Gestein der Gneuß-Familie und der ihr untergeordneten Lager.

Der Gneuß besteht aus fleischrothem oder röthlich-weißem Feldspath, blaulich-, rauch- und gelblich-grauem Quarz und pechschwarzem Glimmer, vom grob- bis zum schmalflasrigen Gefüge. Grobflasrig ist er bei Arensberg, Alt-Schmiedeberg, auf dem Kamme zwischen dem Passe und dem Hochwalder Ausgespann. Schmalflasrig findet man ihn bei Rothzechau.

In einer Linie, die ungefähr vom Ochsenberge bei Schmiedeberg, über die Forstbauden nach Wolfshau und dem Forstkamm zuläuft, findet sich ein Gestein, theils in häufigen Spuren, theils — bei Wolfshau am rechten Ufer der Placknitz — anstehend, dessen Feldspath blaß-fleischroth, auch erbsengelb, der Quarz blaulich-, rauch- und gelblich-grau, der Glimmer pechschwarz und tombackbraun, meist aber silberweiß ist. Das Gefüge nähert sich bald mehr dem Flasrigen, bald mehr dem Körnigen. Eben dies Gestein zieht sich bis zur Lehne bei Krummhübel.

Schörl fand ich bei Arnsberg und den Forstbauden in diesem Gneuß.

Der Kalkstein, welcher im Bezirk desselben vorkommt, ist:

1. graulich-weiß, feinkörnig, auf der Bergfreiheit bei Alt-Schmiedeberg,
2. bläulich- und gelblich-grau, feinkörnig, beim Lilien-

hofe. Edler Serpentin und Tremolith brechen mit diesem Kalkstein.

3. röthlich-weiß, feinkörnig, bei der Grube Redens-Glück.

Metallische Vorkommnisse in diesem Bezirk sind: (35)

1. Arsenikkies, Kupferkies und Schwefelkies bei Rothzechau.
2. Magnetischer Eisenstein, Schwefelkies (mit Hornblende, Pistazit, Granaten — Hyazinth und Sahlit? —), auf der Bergfreiheit bei Schmiedeberg.
3. Bleiglanz, Blende, Eisenglimmer, rother Eisenrahm und Magnetkies, bei Arnsberg.
4. Bleiglanz, Kupferkies und Arsenikkies, bei Krummhübel.

## §. 17.

### Schichtungs- und Lagerungs-Verhältniß der Gneuß-Familie.

Die Schichtung des Gneußes läßt sich selten beobachten, weil das Gebirge in dieser Gegend wenig aufgeschlossen ist. Auf der Bergfreiheit bei Schmiedeberg schien das Fallen in S. O. zu seyn, in O. S. O. war es bestimmt auf der Nordhöhe bei Arnsberg, und eben so am rechten Ufer der Plak- nitz bei Wolfshau.

Demnach ist der Central-Granit das Liegende des Gneußes.

In der nordöstlichen Hälfte seines Vorkommens bedecken ihn (nach §. 14.) grüne Schiefer, in der südwestlichen Hälfte Glimmerschiefer (36), wie wir weiter unten sehen werden.

---

## D.

## Die 4te den Central-Granit begränzende Familie, die gneußartigen Glimmerschiefer.

### §. 18.

#### Gränze der gneußartigen Glimmerschiefer.

Die vierte, den Central-Granit begränzende Familie, ist die der gneußartigen Glimmerschiefer. Auf der Karte ist sie durch grau-grüne Illumination bezeichnet. Ihre innere Gränze vom Paß bis zum Forstkamme ist mit der §. 15. angezeigten äußeren Gränze des Gneußes identisch, von da bis Przichowitz, mit der §. 2. angegebenen Gränze des Central-Granits. Die äußere Gränze ist nicht vollständig bestimmt.

§. 19.

### Gestein der gneußartigen Glimmerschiefer und der ihnen untergeordneten Lager.

Glimmer und Quarz bilden ein schiefriges Gestein, in welchem sich öfters Spuren von Feldspath finden. Es ist daher ein Glimmerschiefer, der sich mehr oder weniger dem Gneuß nähert.

Der Glimmer, am häufigsten pechschwarz, ins Tombackbraune, zieht sich da, wo das Gestein mehr den Charakter des reinen Glimmerschiefers hat, ins grünlich- und blaulich-Graue. Der Quarz ist gelblich- und bräunlich-grau, auch graulich-weiß, auf Feldspath lassen fast immer nur ochergelb verwitterte Punkte und Streifen schließen. An der Kesselkoppe, wo ich denselben frisch und deutlich fand, war er von blaulich- und gelblich-weißer Farbe.

(37) Auf dem Schmiedeberger-Kamm, dem Mittelberge und der schwarzen Koppe sehen die herum liegenden Stücke häufig weiß aus, der Glimmer ist weggewittert, und dünne Quarzlagen treten skelettartig heraus.

(38a) Bei Harrachsdorf und Przichowitz wird das Gestein dem im §. 9. beschriebenen, des Hochsteins ꝛc. bei Schreibershau ähnlich, wechselt auch lagenweise am erstern Orte mit Granit.

(38b) Am Mittelberge und Ziegenrücken enthält der Glimmerschiefer Granaten. So fand ich das Gestein längst seiner innern Gränze. Auch weiter im Hangenden schien es durch ein stetes Oscilliren zwischen Gneuß und Glimmerschiefer charakterisirt.

(39)

Im Revier dieser Schiefer findet sich viel Kalkstein. Er ist:

1. gelblich-weiß, feinkörnig, auf dem Passe und am Molkenberge;
2. blaulich-grau und weiß, feinkörnig, bei Klein-Aupa;
3. blaulich-grau, feinkörnig ins Dichte, bei Marschendorf;
4. röthlich- und -blaulich-weiß, von feinem Korn, bei Johannisbad;
5. gelblich-weiß, grobkörniger als der vorige, bei Schwarzenthal;
6. röthlich-weiß ins fleischrothe, feinkörnig, bei Langenau;
7. blaulich-grau und röthlich-grau, feinkörnig ins Dichte, der röthliche zum Theil mit Quarz durchzogen; eben daselbst;
8. röthlich-weiß, feinkörnig, bei Hohenelb;
9. schneeweiß, grobkörnig, bei den Füllebauden;

10. zwischen graulich- und gelblich-weiß, grobkörnig ins Späthige, bei St. Peter;
11. graulich-weiß, feinkörnig, bei Friedrichsthal;
12. gelblich-weiß, feinkörnig, bei Rochlitz;
13. röthlich- und graulich-weiß, feinkörnig, bei Przichowitz.

Metallische Vorkommnisse im Bezirk des gneußartigen Glimmerschiefers sind: (40)

1. Blende, Arsenikkies, Schwefelkies und Kupferkies, bei Wolfshau.
2. Schwefelkies, im Kalkstein, bei Klein-Aupa.
3. Blende, Magnetkies, Arsenikkies, im Riesengrunde.
4. Bleiglanz und Kupferkies. Eben daselbst. J.
5. Kupferkies und magnetisches Eisenerz im Zehgrunde. J.
6. Weißgiltig, (Gold), Bleiglanz, Kupferkies, Braunstein, bei Schwarzenthal. J.
7. Schwefelkies, am Ziegenrücken.
8. Weißgiltig, Bleiglanz, Kupferkies, bei St. Peter. J.
9. Grau Spiesglaserz? Spuren im Kalkstein von Friedrichsthal.
10. Magnetisches Eisenerz, bei Häkelsdorf. J.
11. Fahlerz und Kupferkies, bei Hohenelb.

12. Schwefelkies, fein eingesprengt, im Kalkstein bei Hohenelb.
13. Spatheisenstein, bei Gotschberg.
14. Brauneisenstein, bei den Schüsselbauden.
15. Magnetisches Eisenerz, fein eingesprengt, im Gestein des Krknoschberges.
16. Gallmei, bei Rochlitz.
17. Bleiglanz (mit Schwerspath und Flußspath), bei Harrachsdorf.
18. Schwefelkies. Eben daselbst.

## §. 20.

### Schichtungs- und Lagerungs-Verhältnisse der gneußartigen Glimmerschiefer.

Das Gestein ist deutlich geschichtet.

Ich machte folgende Abnahmen:

1. Alter Kalksteinbruch am Paß S. O.
2. Schneekoppe O. S. O.
3. Fichtig-Bauden S. O.
4. Büttner-Bauden S. O.
5. Marschendorf S. S. O.
6. Johannisbad S. S. W.
7. Schwarzenthal S. S. W.
8. Zwischen Schwarzenthal und Langenau S. S. W.

9. Ziegenrücken S. S. W.

10. Kämmel S. S. W.

11. Am St. Peters Seiffen S. S. W.

12. Krknosch-Berg bei den Schüsselbauden S. W.

13. Krknosch-Berg, nahe der Kesselkoppe S. W.

14. Passecki S. O.

15. Przichowitz S. O.

(41). Wie sich aus diesen Abnahmen ergiebt, ist vom Paß bis in die Gegend des Forstkamms der Gneuß der 3ten Familie (vergl. §. 17.), von da bis Przichowitz der Central-Granit das Liegende der gneußartigen Glimmerschiefer. Dies wird durch folgende Beobachtungen bestätigt:

1. Am Weißwasserabhang des Ziegenrückens sieht man die Auflagerung der Schiefer auf Granit.
2. Steigt man (von der Wiesenbaude her) den westlichen Abhang der Schneekoppe hinauf, so findet man am Fuße Granit, der höher hinauf öfters mit gneußartigem Schiefer wechselt, bis dieser auf der höchsten Kuppe den Granit ganz verdrängt, der im Hangenden — in O. S. O. — nicht weiter gefunden wird. (42)

Die äußern Gränzgebirgslager der gneußartigen Glimmerschiefer sind nicht hinlänglich bestimmt. (43)

Die innere Gränzlinie der Schiefer korrespondirt ihrem Fallen, repräsentirt ihre Streichungslinie. Denn sie läuft vom Passe bis in die Nähe des Ziegenrückens in W. S. W. und S. W., hier wendet sie sich rasch durch W. in W. N. W., welche Richtung sie bis Harrachsdorf beibehält, wo sie sich wieder in S. W. zieht und so nach Przichowitz läuft.

(44) Die Züge des Kalksteins von den Fichtigbauden bis Rochlitz und von Albendorf bis Wittkowitz laufen der innern Gränzlinie parallel.

## E.

## Die fünfte, den Central-Granit begränzende Familie, die Thonschiefer.

### §. 21.

### Gränze der Thonschiefer.

Die 5te den Central-Granit begränzende, auf der Karte durch blaßgrüne Illumination angegebene Familie, ist die der Thonschiefer. Die Gränze zwischen diesen Schiefern und dem Granit, aus der Gegend von Przichowitz und Hammerdorf, bis in die Nähe von Kratzau, ist §. 2. angegeben. Die äußere Gränze ist mir unbekannt.

§. 22.

Gestein der Thonschiefer und der ihnen untergeordneten Lager.

Das Gestein dieser 5ten Familie ist dem der vorigen verwandt, nur daß sich der oryktognostische Charakter des Glimmers, welcher in den Glimmerschiefern erkennbar war, nun verliert, und der Feldspath im Hauptgestein ganz wegfällt. Es ist ein grünlich- und blaulich-grauer, auch blaulich-schwarzer Thonschiefer, der theils rein ist — wie bei Engelsberg, Schinsdorf, zwischen Kukan und Reichenau — theils mit schmalen Quarzlagen abwechselt, wie bei Sbitky, Schumburg, Reichenau und Rädl.

Stark tritt der Quarz am Jäschkenberge hervor, dessen Gipfel aus fast reinem Quarze besteht.

Bei Schinsdorf findet sich Porphyr, dessen Hauptmasse grünlich- und gelblich-grauer dichter Feldspath, in welchem sehr kleine blaulich-graue Quarzpunkte und gelblich-weiße Feldspathkrystalle. Kalkstein liegt in diesen Schiefern. Er ist

blaulich-grau, ins blaulich Schwarze und feinkörnig, bei Schinsdorf;

blaulich-grau, feinkörnig, auf dem Jäschkenkamm;

blaulich-grau, aus dem feinkörnigen ins Dichte übergehend, bei Christophsgrund.

Schwefelkies fand ich im Schiefer zwischen Reichenau und Rädl, fein eingesprengtes magnetisches Erz in dem Thonschiefer bei Kukan.

## §. 23.

### Schichtungs- und Lagerungs-Verhältniß der Thonschiefer-Familie.

Der Thonschiefer ist ausgezeichnet geschichtet. Ich machte folgende Abnahmen:

1. Unter-Hammersdorf am linken Ufer der Deschen S. S. O.
2. Sbitky S. in S. S. W.
3. Schumburg S. W.
4. Schinsdorf W. S. W.
5. Jäschkenkamm W. S. W.
6. Zwischen Christophsgrund und Engelsberg N. W.
7. Engelsberg N. W.

Aus den Abnahmen geht hervor, daß der Central-Granit das Liegende der Thonschiefer ist.

Die innere Gränzlinie repräsentirt die Streichungslinie, da sie dem Fallen korrespondirend von Przichowitz bis Sbitky in S. W. läuft, sich hier durch W. in N. W. wendet, aus welcher Richtung sie in der Gegend von Engelsberg (45) in die nordöstliche übergeht.

# IV.

## §. 24.

### Von dem Verhältniß der 5 Gränz-Gebirgs-Familien zum Central-Granit und zu einander.

Die 1te Familie steht dem Central-Granit am nächsten. Feldspath, Quarz und Glimmer herrschen auch in ihr, zum Theil erscheinen sie selbst in körnigem Gefüge. Aber sie sind meist verschieden vom Feldspath, Quarz und Glimmer des Central-Granits. Es waltet die rothe Farbe im Feldspath des Central-Granits, die blaue in dem der Granit-Gneuß-Formation vor.

Blauen Quarz fand ich in letzterer Formation oft, im Central-Granit nicht, auskrystallisirten Glimmer häufig im Central-Granit, in der Granit-Gneuß-Formation selten.

Die Granit-Gneuß-Formation enthält Lager von Hornblendgestein, der Central-Granit nur geringe Spuren von Hornblende.

Flasriges und geschichtetes Gestein, welches im Central-Granit ganz fehlt, wechselt in der Granit-Gneuß-Formation unaufhörlich mit dem körnigen ungeschichteten.

Vorzüglich charakteristisch für die Granit-Gneuß-

Formation, ist der ihr untergeordnete große Glimmerschieferzug mit seinen Kalkstein- und Erzlagern, da sich im Central-Granit kein Glimmerschiefer, kein Kalkstein und nur weniges Erz findet. Und dieser Glimmerschiefer teilt sich westlich nnd östlich, grade auf der Gränze der Granit-Gneuß-Formation und des Central-Granits aus, setzt nicht in diesen hinein.

Scharf getrennt vom Central-Granit ist die 2te Familie, der grünen Schiefer. Die oryktognostischen Bestandtheile des Central-Granits sind in diesen kaum mehr zu erkennen; Hornblende, im Central-Granit eine Seltenheit, scheint vorzuwalten; schiefriges Gefüge, Schichtung, Häufigkeit metallischer Fossilien und Kalksteinlager, unterscheiden überdies gänzlich.

Die 3te Familie steht dem Granit wieder näher. Aber bei gleichen oryktognostischen Bestandtheilen differirt sie von ihm durch den eigenthümlichen Charakter dieser Bestandtheile, das vorwaltende flasrige Gefüge, Schichtung, Kalksteinlager und bedeutende Erzniederlagen.

Die 4te Familie ist wieder scharf vom Central-Granit getrennt. Der im Granit vorwaltende Feldspath ist zurückgedrängt, zudem ist sein oryktognostischer Charakter, wie der des Glimmers, gänzlich verändert.

Überdies unterscheiden schiefriges und flasriges Gefüge, Schichtung, Kalksteinlager und häufige Erze.

Die 5te Familie steht endlich durch ihre oryktognostische Eigenthümlichkeit, in welcher fast keine Spur des Central-Granits mehr zu erkennen ist, durch Schichtung und Kalksteinlager, gänzlich vom Granit getrennt.

Daß die 1te und 3te Familie dem Granit näher verwandt sind, als die übrigen, zeigt sich noch auf dreifache Weise.

1. Diese beiden Familien enthalten zwar Kalksteinlager, doch verhältnißmäßig nur unbedeutende. Der Hauptzug des Kalksteins streicht auf ihrer äußern Gränze oder in ihren äußern Gränzlagern, dagegen dieser Hauptzug in den Schiefern der 3 übrigen Familien selbst liegt. So scheinen diese beiden Familien zwischen dem Kalksteinleeren Central-Granit, und den Kalksteinreichen übrigen 3 Familien, mitten inne zu stehen.

2. Die inneren Gränzlinien der 2ten, 4ten und 5ten Familie repräsentiren ihre Streichungslinien; mit anderen Worten: das Fallen dieser Schiefer entspricht dem Streichen ihrer innern Gränzlinien. Das Fallen des Gesteins der 1ten Familie, entspricht dem Streichen der innern Gränz-

linie nur zum Theil, andern Theils läuft diese Gränzlinie so, daß sie die Streichungslinie des Gneußes scheidet.

Eben so wenig ist die innere Gränzlinie der 3ten Familie, vollkommen der Streichungslinie ihrer Lager parallel.

So scheint die Lagerungsgränze zwischen dem Central-Granit und den beiden ihm nahe verwandten Familien, nicht so scharf gezogen zu seyn, als die zwischen ihm und den 3 übrigen ihm entfernter stehenden Formationen, gleich wie die oryktognostische Gränze zwischen dem Gestein jener beiden Familien und dem Central-Granit, nicht so scharf gezogen ist. Die 1te Familie erscheint besonders nicht in dem Grade, wie die andern, von der Gestalt der Central-Granit-Partie, als von einem Fundament ihrer Schichten abhängig.

3. Das Liegende der 1ten und 3ten Familie, ist der Central-Granit. Das der grünen Schiefer ist nur zum Theil jener Granit, einerseits liegen aber Lager der 3ten, andererseits Lager der 1ten Familie, zwischen ihnen und jenem Granit. Auch erscheinen sie am nordwestlichen Ende als die unmittelbare (metamorphosirte) Fortsetzung

derjenigen Thonschiefer, welche die Granit-Gneuß-Formation bedecken. Eben so folgen die Glimmerschiefer der 4ten Familie auf eine Strecke dem Gneuß der 3ten Familie, und aus einer genauern Untersuchung wird wahrscheinlich hervorgehen, daß die Thonschiefer der 5ten Familie, da wo sie mit den Lagern der 1ten Familie zusammen gränzen, auf diesen liegen. So erscheinen auch hierdurch die 1te und 3te Familie als vermittelnde Gebirgslager, zwischen dem Central-Granit und den übrigen Familien.

Wie die 1te und 3te Familie dem Central-Granit am nächsten stehen; so haben sie auch mehr Ähnlichkeit unter einander, als mit den übrigen Familien. Feldspath, Quarz und Glimmer herrschen in beiden. Aber doch sind diese sowohl einzeln, wie die aus ihren Verbindungen hervorgehenden Bildungen so verschieden, daß der Gneuß der 1ten Familie selten mit dem der 3ten verwechselt werden dürfte, und eben so wenig das granitartige Gestein der 3ten mit dem Granit der 1ten.

Dann ist die 1te Familie durch Hornblendegestein, Glimmerschiefer, großentheils auch durch Erze anderer Art, als sich in der 3ten finden, eigenthümlich bezeichnet. Nur die Eisenerz-Niederlage von Raspenau hat auffallende Ähnlichkeit mit der von Schmiedeberg. Magneteisenstein, Schwefelkies, Hornblende, Strahlstein brechen auf beiden, beide stehen im genauesten Verhältniß zu den Kalksteinlagern.

In der 2ten Familie herrscht, wie es scheint, Hornblende — Quarz tritt vorzüglich zurück — weniger der Feldspath und Glimmer. Diese oryktognostischen Bestandtheile sind selten erkennbar. Kalkstein und Erze finden sich häufig.

Hornblende, welche in der 2ten Familie herrscht, tritt in der 4ten zurück, dagegen Quarz und Glimmer, in der 2ten Familie unterdrückt, hier herrschen. Feldspath ist, wie in der 2ten Familie, mehr oder minder zurück gedrängt. Kalkstein- und Erzreich sind beide Familien; nur scheint in der 2ten Kupfer, in der 4ten Eisen vorzuwalten. Die 5te Familie gränzt sehr nahe an die 4te. Doch ist in ihr der oryktognostische Charakter des Glimmers, der in der 4ten häufig erkennbar ist, fast ganz verwischt, Feldspath zeigt sich nur noch in untergeordneten Lagern, und Quarz wechselt seltner in schmalen Lagen mit Schiefer. (46a)

## V.

### §. 25.

### Rückblick.

Werfen wir nun noch einen Blick auf das ganze untersuchte Gebirge, so behauptet eine Granitpartie von 20 bis 25 teutschen Meilen im Umfange, die Mitte desselben.

Feldspath, Quarz und Glimmer, körniges Gefüge, Mangel an Schichtung, sparsames Erscheinen von Hornblende und metallischen Fossilien und gänzliches Fehlen des Kalksteins, charakterisiren den Granit. Es umgiebt ihn ein vollkommen geschlossener Mantel heterogener Gebirgs-Familien, welche eigenthümlich bezeichnet sind durch flasriges und schiefriges Gefüge, Schichtung, durch einen andern Feldspath, Quarz und Glimmer; — oder abwechselndes Hervor- und Zurücktreten einzelner dieser oryktognostischen Gattungen, oder durch mehr oder minderes Unkenntlichwerden derselben; dann zum Theil durch häufigere Hornblende — vor allem aber durch Reichthum an metallischen Fossilien und Kalkstein.

Da der Mantel der Gebirgslager, welcher den Granit umgiebt, vollkommen geschlossen ist — da diese Lager rings nach allen Weltgegenden von ihm abfallen; so ist fast die Möglichkeit abgeschnitten, ein Gebirgslager zu finden, welches den Granit unterteufte — nachweisbar älter als derselbe wäre.

Beleuchten wir die Verschiedenheiten zwischen dem Granit und den ihn umgebenden Gebirgslagern noch einmal näher; so ergiebt sich dies:

1. Der Central-Granit ist gleichförmig nach allen Dimensionen gebildet. Dies zeigt sein Gefüge — ein Granitstück bietet nach allen Seiten dasselbe Bruchansehen, es giebt keinen Hauptbruch und Querbruch. Dies zeigen seine ungeschichteten Massen. Weder im Grossen noch im Kleinen ist eine bestimmte Richtung im Granit erkennbar.

Das ihn umgebende Gebirgsgestein ist nicht gleichförmig nach allen Dimensionen gebildet. Beim flasrigen und schiefrigen Gefüge desselben sind die einander parallelen Flächen des Hauptbruchs von dem dieselben durchschneidenden Queerbruche ganz verschieden. Im Grossen wiederholt sich dies Verhältniß, da die unter einander parallelen, nach bestimmten Weltgegenden gerichteten Schichtungsflächen dem Hauptbrucke, die Schichtungsprofile dem Queerbruche entsprechen.

2. Wo Feldspath, Quarz und Glimmer sich am vollkommensten ausbilden, wo sie oryktognostische Selbstständigkeit erreichen oder sich ihr nähern — im Central Granit — fehlt der Kalkstein gänzlich. In der ersten Gränzfamilie, in welcher die genannten oryktognostischen Gattungen nächst dem Central-Granit am meisten ausgebildet sind, zeigt sich nur wenig Kalkstein, und zwar nicht im Granit oder Gneuß, sondern in dem, diesen Gebirgsarten untergeordneten, von ihnen ganz verschiedenen Glimmerschiefer.

Der Hauptzug des Kalksteins folgt erst in den Thonschiefern, welche die Granit-Gneuß-Formation nach außen begränzen, in denen Feldspath, Quarz und Glimmer meist gar nicht mehr zu erkennen sind.

In der 3ten Gränzfamilie, in welcher nächst dem Central-Granit und der 1sten Gränzfamilie, Feldspath, Quarz und Glimmer am vollkommensten sind, zeigen sich nur unbedeutende Kalksteinlager. Unmittelbar im Hangenden und Liegenden derselben erkennt man überdies den Gneuß kaum, meist ist er in ein serpentinartiges Gestein metamorphosirt.

Erst auf der äußeren Gränze und in den äußern Gränzlagern dieser 3ten Familie zeigen sich mächtige Kalksteinlager — erst da, wo Feldspath, Quarz und Glimmer eine durchgreifende große Verwandlung erleiden. Dagegen in den Schiefern der 2ten, 4ten und 5ten Gränzfamilie, in denen der oryktognostische Charakter von Feldspath, Quarz und Glimmer theils sehr verwischt, theils ganz unkenntlich geworden ist, in denen überdies statt der im Ganzen gleichförmigen Vertheilung jener oryktognostischen Gattungen im Central-Granit, ein unruhiges, wechselndes Hervor- und Zurücktreten einzelner derselben statt hat — in diesen Schiefern selbst liegen eine Menge Kalksteinlager.

Sonach scheint es, daß Feldspath, Quarz und Glimmer vorzüglich gedeihen, wo sie allein herrschen und der Kalkstein fehlt, daß sie in dem Maaße unterdrückt werden, als dieser hervortritt — es scheint die Metamorphose des Gesteins auf der Gränze des Granits und Gneußes im genauesten Verhältnisse mit dem Hervortreten des Kalksteins zu stehen, und die

Antipathie von Feldspath, Quarz und Glimmer, vorzüglich des erstern, gegen Kalkstein deutlich aus diesen Thatsachen hervorzuleuchten. (46 b)

3. Die wenigen und geringfügigen metallischen Fossilien im Granit zeigen sich nicht in der Art desselben, welche man wegen ihrer Häufigkeit die Normalart nennen könnte; ich meine die grobkörnige, sondern in den Extremen dieser Art — im höchst groben Granit, in welchem Feldspath und Quarz massig auseinander treten, und im höchst feinen und porphyrartigen. Dann zeigen sie sich noch an der Gränze des Granits und da, wo ganz heterogenes Gestein in demselben auftritt. — (46 c)

Scheint es doch, als wäre eine Alteration in der Bildung des Granits — man könnte es eine Krankheit nennen, oder eine herannahende oder benachbarte Revolution bei Erzeugung jener Metallspuren nothwendig gewesen.

Im Granit und Gneuß der 1sten Gränzfamilie sind metallische Vorkommnisse eben so selten, als im Central-Granit selbst. Aber in dem dieser Familie untergeordneten, Kalksteinlager enthaltenden Glimmerschiefer, finden sie sich in größter Menge, und gleichfalls häufig in den mit Kalkstein wechselnden Thonschiefern — (47) den äußern Gränzgebirgslagern eben dieser Familie. In der 3ten Gränzfamilie zeigen sich die wichtigsten metallischen Vorkommnisse zugleich mit den Kalksteinlagern; in den übrigen, deren Gestein von dem des Granits schärfer getrennt ist, in welchen sich meist nahe der innern Gränze Kalkstein zeigt, sind sie, besonders längst dieser Gränze selbst, mehr oder minder häufig. Dies fällt vornämlich in die Augen, wenn man nicht blos bauwürdige Vorkommnisse, sondern die Menge von im Gebirgsgestein eingesprengtem (unbauwürdigem) Erze, in Betrachtung zieht.

Müssen wir hiernach nicht glauben, daß das Auftreten der metallischen Fossilien einmal mit der Metamorphose des Gebirgsgesteins, dann mit dem Auftreten des Kalksteins im genauesten Zusammenhange steht. (48)

---

Der Distrikt, welchen der Central-Granit einnimmt, hat ungefähr die Gestalt einer nach der kleinen Axe zusammengedrückten Ellipse. Da wo diese Zusammendrückung fällt, der Distrikt am schmälsten ist — zwischen Harrachsdorf und Schreibershau — begränzen den Granit ausgezackte Felsenkämme von einem chaotischen Gestein gebildet. Deuten diese krampfhaft verworrenen Bildungen auf einen Kampf des Central-Granits mit seinen Gränzgebirgslagern, darauf, daß diese Gränzgebirgslager den Granit zwischen Harrachsdorf und Schreibershau durchschneiden und 2 rings begränzte Granitpartien — eine östliche und eine westliche — bilden wollten?

Der Durchschnitt in N. und N. W. von dem zwischen Kratzau und dem Iserkamm gelegenen Central-Granit führt zunächst in die Lager der Granit-Gneuß-Formation. Aber geht man in dieser Richtung tiefer in die Lausitz hinein nach Mark-Lissa — oder auf Herrnhut, Löbau, Bautzen, ja bis Dresden und Meißen; so sieht man — wo die Basalt-Formation es erlaubt, Granit und Gneuß.

So scheint die Granit-Gneuß-Formation durch die Lausitz nach dem Erzgebirge zu ziehen, und hier mit der bekannten Formation des Sienits zusammen zu fallen. Von der Vereinigung beider Formationen kann die Hornblende im Sienit nicht abhalten, denn:

1. fand ich auch Hornblendgestein in der Granit-Gneuß-Formation.

2. enthält der meiste Sienit am rechten Elbufer, ja auch ein grosser Theil auf dem linken, wenig oder keine Hornblende.

Eben so darf der Wechsel von Granit und Gneuß in der Granit=Gneuß=Formation nicht im Wege seyn. Wechselt doch schon auf dem rechten Elbufer, Meißen gegenüber, grobflasriger Gneuß mit Sienit, und dies soll auf der Strasse von Dresden nach Berlin häufig der Fall seyn.

Hiernach vermittelten die Ober=Lausitzer Berge das Erzgebirge mit dem Riesengebirge.

# Anmerkungen.

(1) Die beigefügte Karte ist nach der Wielandschen vom Herzogthum Jauer, mit Beihülfe der Hoserschen vom Riesengebirge und der Müllerschen von Böhmen entworfen.

(2) Wären die Karten vom Gebirge, wie sie seyn sollten; so könnte und müßte die Gränzbestimmung ganz aus der Beschreibung wegfallen, denn diese Bestimmung ließe sich dann auf der Karte weit genauer angeben, als es selbst durch die sorgfältigste Beschreibung wohl möglich wäre.

(3) Die sechsseitigen Doppelpyramiden des Quarzes fand ich mehr oder minder deutlich im Granit bei Krummhübel, zwischen Krummhübel und der Hampelbaude, am Vogelstein, bei den Kobelhäusern, auf der großen Iser und bei Liebwerda.

(4) Die meisten dieser Feldspathpartien haben keine regelmäßige krystallinische Form. Einige Bruchflächen deuten auf rechtwinklichte an den Enden zugerundete (?) Säulen, und scheinen Zwillingskrystalle zu seyn.

(5a) Das Gefüge wird nach den vorherrschenden oryktognostischen Bestandtheilen des Feldspaths und Quarzes als grobkörnig bestimmt, die Glimmerkrystalle sind klein.

(5b) Der frische Granit wird an mehreren Orten, trotz der leichten unregelmäßigen Zersprengbarkeit, zu Wegsäulen und dergleichen zugehauen. So z. B. bei Rochlitz unweit Reichenberg.

(6) Ich brauche kaum zu bemerken, daß sich an vielen der genannten Orte auch andere Arten des Granits finden, wie es sich zum Theil aus dem Verfolg der Beschreibung selbst ergiebt. Diese Anmerkung gilt mehrere male für ähnliche Citate in der ganzen Beschreibung.

(7) Die Farbe des Porphyrs zieht sich theils ins grünlich Weiße — wie bei Seidorf — theils in ein bräunliches Grau, — so am langen Wasser oberhalb Busch-Vorwerk. Heim sagte zuerst: der Porphyr (in Urgebirgen) verhalte sich zum Granit, wie dichter Kalkstein zu körnigem, ein Vergleich, der wenigstens für den Hauptbestandtheil beider Gebirgsarten — den Feldspath — sehr glücklich paßt.

(8a) Die Hornblende kommt also theils auf der Gränze des Granits vor, theils da, wo sich derselbe ins Porphyrartige verliert. Eben so zeigt sich der Schörl nahe der Granitgränze. Den Grünstein, welcher bei Buchwald vorkommen soll, habe ich noch nicht gesehen. Weigel erwähnt — in der Topographie von Schlesien — keine Hornblende innerhalb des von mir angegebenen Granitbezirks.

(8b) Nr. 1. 2. 3. fand ich selbst. Nr. 4 zeigte mir Herr Berg-Rath Warendorf in der Bergamtlichen Sammlung zu Kupferberg. Nr. 5. gebe ich nach einer vom Herrn Berg-Rath Warendorf mitgetheilten Notiz an. Buch und Weigel erwähnen des Molybdäns auch. Nr. 6. kenne ich aus den Resultaten früherer commissarischer Gebürgsbereisungen durch Bergbeamte. — Zu bemerken ist:

1. Daß diese metallischen Fossilien theils nahe an der Gränze der Granit-Formation vorkommen — wie Nr. 2. und 6. — theils da, wo das Gestein von seinem gewöhnlichen grobkörnigen Gefüge in das Extrem des Grobkörnigen ausartet — wie bei Nr. 1. — oder in das entgegengesetzte — wie bei Nr. 3. — theils da, wo sich von Granit ganz verschiedenes Gestein findet, wie bei Nr. 5. Die Art des Vorkommens von Nr. 4. ist mir nicht näher bekannt.

2. Daß die Erze sich nur in höchst geringer Quantität zeigen. Von Nr. 1. bis 4. ergiebt sich dies aus den Angaben, der Schwefelkies von Nr. 2. und 3. ist so fein eingesprengt, daß man ihn nur bei der genausten Betrachtung des Gesteins bemerkt. Von Nr. 5. heißt es in den Acten: Wasserblei und Schwefelkies seien $\frac{1}{4}$'' mächtig. Für den Preußischen Antheil giebt dies einen guten Beweis der Geringfügigkeit der Erze im Granit-Reviere, daß — wie mich Herr Berg-Rath Warendorf belehrte — nirgends Bergbau in diesem Reviere statt findet. Nr. 4. und 6. gaben nur Veranlaßung zu vergeblichen Versuchen. Aus der Angabe in Grubers

und Jirasecks Reise in das Riesengebirge S. 171 Nr. 22., verglichen mit Seite 21 konnte ich mich nicht vernehmen, daher ich sie nicht anführe. — Einige in gegenwärtiger Skizze aufgeführte Angaben von metallischen Fossilien, mogten noch einer oryktognostischen Kritik bedürfen. Vergl. Anmerk. 23.

(8c) Herr Berg-Rath Warendorf kennt ebenfalls innerhalb des von mir bezeichneten Granitbezirks keinen Kalkstein, wie denn auch Weigel keinen aufführt.

Wegen des Basalts der kleinen Schneegrube siehe Karstens Beschreibung im ersten Theile der Schriften naturforschender Freunde, welche auch im Weigel abgedruckt ist, und Buch, S. 122.

(8d) Weigel führt Granit und Gneuß am Schwarzenberge und der großen Sturmhaube an. Beide Berge ließ ich auf dem Wege von dem großen Rade nach der kleinen Sturmhaube dicht links liegen. Da ich nun auf diesem Wege keine Spur von Gneuß sahe, da ferner Assmann das Gestein der großen Sturmhaube sehr genau als Granit beschreibt, ohne Gneuß zu erwähnen, auch sagt: das Gestein der kleinen Sturmhaube — nach Assmanns Beschreibung und meinen Beobachtungen bestimmter Granit — sei dem der großen Sturmhaube ganz ähnlich; so erlaube man mir — meiner Hochachtung gegen Weigel's ausgezeichnet mühsamen Fleiß unbeschadet — auf jene Anführung nicht zu reflectiren. Ich werde im folgenden Jahre die beiden Punkte genauer untersuchen und was ich finde, künftig mittheilen.

Bei dieser Gelegenheit bemerke ich im Allgemeinen,

daß die gegebenen negativen Charaktere des Granits ꝛc. nach Maasgabe der gegenwärtigen Kenntniß des Gebirgs zu würdigen sind. Doch ist, auch abgesehen von geognostischen Untersuchungen, das Fehlen (oder die höchste Seltenheit) des Kalksteins, wie das sparsame Vorkommen von Erzen im Granitbezirke um so wahrscheinlicher, als diese nutzbaren Fossilien wohl anderweitig würden gesucht und großentheils gefunden worden seyn, wenn sie existirten. Ist doch der fast unsichtbare Zinnstein bei Giehren der Aufmerksamkeit nicht entgangen! —

(9) Es haben mehrere die mächtigen über einander gepackten Massen des Granits, die man besonders an frei stehenden Felsen des hohen Gebirgskammes findet, für geschichtet ausgegeben, die meist horizontalen parallelen Gränzflächen dieser Massen für Schichtungsflächen.

Dagegen spricht dies:

a) Das Gestein geschichteter Gebirgslager zeigt in der Regel schon im Kleinen — im Gefüge — Parallelismus. So der Gneuß, der Schiefer ꝛc. Oder zeigen auch nicht alle ein geschichtetes Gebirge constituirenden Gebirgsarten paralleles Gefüge, so doch abwechselnde. Z. B. es wechselt der Steinkohlen-Sandstein mit Schieferthon und bildet geschichtetes Gebirge.

Da nun der Granit, so weit ich ihn kenne, mit gar keiner Gebirgsart von parallelem Gefüge wechselt; so giebt dies eine Präsumtion gegen die Annahme der Schichtung.

b) Unzweideutig geschichtetes Gebirge — wie Gneuß, Schiefer ꝛc. — ist nicht, etwa hier und da, sondern überall geschichtet. Beim Granit findet man dagegen für Ein Vorkommen der oben beschriebenen auf einander gethürmten Massen, eine Menge Fälle, wo auch nicht die Spur einer parallelen Zerklüftung zu sehen ist. Dies giebt eine zweite Präsumtion gegen die Schichtung.

Es scheint mir vielmehr, als hätte sich der Granit — besonders in freistehenden und deshalb von allen Seiten dem Wetter ausgesetzten Felsen — durch Verwitterung nach der Oberfläche zu in horizontalen Massen abgelöst. Dies findet sich auch anderweitig, z. B. bei manchem Porphyr, nur daß sich dieser in weniger starken, horizontal über einander liegenden Platten abhebt.

(10) Um Wiederholung zu vermeiden, werde ich die Verhältnisse, welche der Granit längst der Gränze gegen die ihn umgebenden Gebirgslager zeigt, bei Gelegenheit, daß von diesen Gebirgslagern gesprochen wird, genauer angeben, wie auch sagen, warum ich die Gränze an verschiedenen Punkten so und nicht anders gezogen habe.

(11) Die Farbe des Feldspaths ähnelt der Grundfarbe des norwegischen Labradorsteins.

(12) Die Farbe des Quarzes nähert sich häufig der des krystallisirten Chalcedons.

(13) In der Gegend von Neumühl ist der Feldspath des Gneußes auch fleischroth.

(14) Doch ist dieser Parallelismus häufig nur durch feine parallele Streifen, die auf dem Queerbruche zu sehen sind, angedeutet. Wie denn überhaupt zwischen dem körnigen und flasrigen Gesteine dieser Familie unendlich

nüancirte Übergänge statt finden, so daß es oft schwer zu bestimmten ist, ob die Gebirgsart zum Granit oder zum Gneuß gerechnet werden muß.

Ich ziehe die Gränze zwischen Granit und Gneuß so, daß ich das aus Feldspath, Quarz und Glimmer zusammengesetzte Gestein Gneuß nenne, wenn es Parallelismus des Gefüges zeigt, wäre es auch nur eine Spur, Granit, wenn es keine Spur von Parallelismus zeigt.

(15a) Die Beschreibung des feinen Granits und Gneußes ist sehr mangelhaft. Der Grund hiervon ist dieser. Ich lernte die Granit-Gneuß-Formation zuerst im südöstlichen Theile ihres Distrikts kennen, wo die gröbere Art des Granits und Gneußes besonders einheimisch ist. Als ich nun die Verbreitung der Formation verfolgte; so nahm ich mein Anhalten an jener mir zuerst bekannt gewordenen Art, und schlug sie auch da vorzugsweise, wo sie mit den feineren Arten zugleich vorkam, um die Identität oder nahe Verwandschaft der Bildungen übersehen zu können.

So verfolgte ich sie vom Bober unterhalb Hirschberg bis über Mäffersdorf hinaus.

Erst im nordwestlichen Drittheil des Granit-Gneuß-Districts wurden die feineren Arten von Granit und Gneuß herrschend. Leider fand ich sie aber selten anstehend, da ich dann vorsichtiger und sparsamer nur dann von herum liegenden Blöcken abschlug, wenn diese durch Menge, Einerleiheit und den bestimmten Ort des Vorkommens anstehendes Gestein repräsentirten.

So ist es gekommen, daß meine Sammlung weit reicher mit Stücken von grobem Granit und Gneuß, als von feinem ausgestattet wurde, daher die Beschreibung, welche ich nach den gesammelten Stücken entwarf, genauer von den erstern als von den letztern werden konnte.

(15b) Weigel führt außerdem Schörl im Quarz des Todtensteins bei Egelsdorf, im Glimmerschiefer auf dem Kesselberge, im Quarz zwischen der Iserwiese und Flinsberg, auf dem weißen Flins, mit Feldspath, Quarz und vielem Schwefelkies bei Giehren an.

(15c) Genauer: zwischen Voigtsdorf und dem Häringsberge, welcher selbst zwischen Voigtsdorf und dem Kummerhort liegt. Ich nannte den Kummerhort, weil dieser auf der Karte angegeben ist, der Häringsberg aber nicht.

(16) Es findet sich bei Steinau unweit Friedberg, Glimmerschiefer im Queiß, welcher jedoch von dem Haupt-Glimmerschieferlager durch den grobflasrigen Gneuß und das ihm folgende Quarzlager bei Krobsdorf getrennt ist. Zudem ist auch dieser Steinauer Glimmerschiefer dem andern in so fern oryktognostisch unähnlich, als er viel compacter und spezifisch schwerer zu seyn scheint.

Ob eine Partie Glimmerschiefer im Hangenden des Chemnitzer Kalksteinlagers, zu dem Glimmerschiefer des Hauptlagers gehöre oder nicht, kann ich nicht bestimmen.

Zuletzt erwähnt man Glimmerschiefer bei Reimnitz am Lauspelz und Kummerhort. Auf dem Kummerhort fand ich Granit, am Lauspelz Gneuß, überhaupt in dem ganzen zwischen Reimnitz, Nieder-Chemnitz und dem Kummerhort gelegenen Bezirke nur Gneuß und Granit anstehend. Deshalb, und weil die Streichungslinie des Glimmerschieferlagers von Chemnitz aus gar nicht nach Reimnitz und Lauspelz führt, hielt ich einzelne Glimmerschieferstücke auf den dortigen Feldern für zufällig. Eine genauere Untersuchung muß entscheiden.

(17a) Der Glimmerschiefer erstreckt sich bis nahe an den Raspenauer Kalksteinbruch. Im Bruche selbst findet sich kein reiner Glimmerschiefer, sondern meist ein dunkellauchgrüner Schiefer — wahrscheinlich Hornblendschiefer — der häufig mit Magneteisenstein imprägnirt ist Das mit dem Mildenauer Kalkstein brechende Gestein konnte ich nicht genau untersuchen, weil ich den Bruch großentheils verschüttet fand. — Gallmei? —

(17b) Es finden sich am Schwarzenberge Spuren von Hornblendgestein, das ich jedoch nicht anstehend sahe.

(18) Den weißen Flinsberg nannte man mir die weiße Steinrücke. Am Hinderberge nach Carlsthal zu finden sich viele Spuren von Quarz. — Das dem Glimmerschiefer untergeordnete Quarzlager am Hasenberge bei Flinsberg ist schon im vorhergehenden erwähnt worden.

(19) Weigel erwähnt außerdem ein Hornblendlager auf dem Friedrich Wilhelm zu Querbach, Hornblende mit Feldspath auf der Maria Anna zu Querbach, Hornblende mit Schwefelkies und Quarz (?) im Sattler bei Hirschberg.

(20) Spuren von Basalt fand ich unweit Johnsdorf, in Spiller, bei Hennersdorf unweit Liebenthal, hier mit sehr schönem Olivin.

Nach Buch und Weigel findet sich auch Basalt am Merzberge bei Friedeberg am Queiß. Am Kahlenberge nimmt derselbe die Stelle des Glimmerschiefers ein, der auf beiden Seiten dieses Berges — bei Kunzendorf und Querbach — dem Gestein und dem Fallen nach sich so ganz ähnlich ist, als wenn die Bildung des Basalts gar keinen Einfluß auf ihn gehabt hätte.

Ich habe den Basalt auf der Karte nicht durch Illumination angegeben, sondern durch ein Zeichen. Jenes verspare ich für eine künftige mehr ausgeführte Karte.

(21) Nicht metallische Fossilien erwähnte ich in den vorhergehenden §. §.

(22) Die mit einem † bezeichneten Angaben sind aus Weigel entlehnt, doch sind mir die Nummern I. 5. II. 8. 9. großentheils bekannt.

(23) Glanzkobold ist hier und in den folgenden Nummern wohl meist weißer Speiskobold, oder auch Arsenikkies, welcher öfters trotz der deutlichsten Krystallisation für Koboldërz ausgegeben wird.

(24) Dies ist fast immer der Fall, wenn geschichtetes Gestein mit ungeschichtetem wechselt.

(25) Die Beobachtung der Auflagerung des Gesteins der Granit-Gneuß-Formation auf dem Central-Granit oder des Übergangs dieses in jenes war auf verschiedenen Strecken der Gränzlinie durch Schwierigkeiten verschiedener Art gehindert. Von Grunau bis nahe Petersdorf läuft diese Gränzlinie durch das breite Zackenthal, wo sich nur hie und da anstehend Gestein sehen läßt. Den Schwarzenberg entlang nach dem Hohsteine zu habe ich auch keine

recht klare Beobachtung machen können; vielleicht dürfte eine ganz genaue Befahrung der Friedrich-Grube bei Schreibershau Aufschluß geben — eine weniger genaue — wie die meinige war, verwirrt eher. Vom Hohstein nach der Tafelfichte zu läuft die Gränze durch eine mit Wald, Moor ꝛc. bedeckte Gegend, in der sich nur selten ein Fels zeigt, hier ist fast gar keine Hoffnung eine Auflagerung zu finden. Eher bei Liebwerda und Raspenau. Von Raspenau nach Wüst-Olbersdorf verfolgte ich die Gränzlinie über das Wüste-Gut durch einen Wald, wo die Untersuchung gleichfalls höchst genirt war. Endlich giebt die Gegend zwischen Einsiedl und Kratzau Hoffnung, daß man bei genauerer Untersuchung eine Auflagerung finden dürfte.

(26) Der Gneuß im Queiß nahe der Krobsdorfer Schenke folgt in gleichförmiger Schichtung auf den Glimmerschiefer an der untern Ullersdorfer Papiermühle. Es ist nur ein geringer Raum zwischen beiden.

In Chemnitz bedeckt, nahe an der Greiffenberger Straße, grobflasriger Gneuß den Glimmerschiefer. Doch habe ich nicht beobachtet, in welchem Verhältnisse dieser Glimmerschiefer zu dem des großen Lagers stand. (Anmerkung 16.)

(27) Über das Lagerungs-Verhältniß des übrigen im Bezirk der Granit-Gneuß-Formation sich findenden Lagergesteins füge ich noch folgendes hinzu. Das Gestein vom Abendsteinberge, Hohstein und Schwarzenberge ist am erst genannten Berge mit Gneuß, wie er in der Granit-Gneuß-Formation vorkommt, verwachsen. Abnahmen konnte ich nicht machen. Vergl. Anmerk. 25.

Quarz sieht man im Queiß bei Krobsdorf unmittelbar auf Gneuß folgen; in Hartmannsdorf (bei Mark-Lissa) und in Chemnitz sah ich ihn im Gneuß.

Das größte Räthsel bleibt das Lagerungs-Verhältniß des Basalts, der überall und nirgends zu Hause zu seyn scheint. Hier nur vorläufig dies: Daß ich dem Herrn von Buch ganz beipflichten und den wahren Basalt (mit Augit) im Glimmerschiefer bei Krobsdorf, für ein wahres Lager ansehen muß. Ob nun mehrere Basalt-Kuppen, wie der Greiffenstein, der Kahleberg ꝛc., Ausgehende von mächtigen Basaltlagern sind, welche wegen größerer Dauerhaftigkeit des Gesteins der Verwitterung getrotzt, während das Hauptgestein ringsum weggewittert ist — um mich an eine Hausmannsche Hypothese anzuschließen — mag ich noch nicht entscheiden. Daß jedoch für das Lagerungs-Verhältniß alles Basalts kein umfassendes Gesetz gefunden wäre, wenn es sich auch mit dem Basalt der Granit-Gneuß-Formation wirklich so verhielte, brauche ich wohl kaum zu erwähnen.

(28) In dem Kalksteinbruche von Wüntschendorf konnte ich keine Abnahme machen. Das Gestein in den Kalksteinbrüchen von Bober-Röhrsdorf und Schmottseiffen strich zwar der allgemeinen Regel gemäß St. 9, stand aber theils auf dem Kopfe, theils fiel es widersinnig in S. W. Dieses widersinnige Fallen der Kalksteinlager ist mir nun schon so häufig, und zwar in Gegenden, wo über wahres Hangendes und Liegendes kein Zweifel war, aufgestoßen, daß ich fast vermuthen muß: es sei eine Eigenheit des Kalksteins, seine dem Quarz, Feldspath und Glimmer ver-

schiedentlich entgegengesetzte Natur öfters auch durch widerstrebende Schichtung anzudeuten. Wo der Kalkstein vorzüglich mächtig ist, wirkt er dann auf die mit ihm wechselnden Schiefer und wirft sie herum.

Wahrscheinlich sind jedoch dergleichen Schichten nur nach der Oberfläche knieförmig umgebogen, in der Tiefe aber rechtsinnig fallend — der allgemeinen Schichtungs-Structur des Gebirgs gemäß. — Doch gehört dies Verhältnis zu denen, über welche man nur in den Alpengebirgen aufgeklärt werden kann, wo sich an den hohen Felsenwänden die Windungen der Schichten genau verfolgen lassen.

(29) Die mit einem † bezeichneten Angaben sind wieder aus Weigel entlehnt; die zweite ist vom Herrn Berg-Rath Warendorf.

(30) Ich werde diese Schiefer genauer beschreiben, sobald ich sie genauer untersucht habe. So mannigfaltig dieselben erscheinen; so mögen doch vorzüglich Homblende, Feldspath und Glimmer ihre oryktognostisch einfachen Bestandtheile seyn. Tritt die Hornblende rein hervor, so haben wir Hornblendegestein wie am † Röhrigsberge; — herrscht der Glimmer, so bildet sich Glimmerschiefer, wie bei der Clärner-Grube † und am Rudelstädter Pochwerks-Graben; — verbinden sich Hornblende und Feldspath, so entstehen Grünstein und Grünsteinschiefer. Im Ganzen waltet wohl Hornblende vor; und durch sie die grüne Farbe. Der Feldspath scheint sich mehr in gesonderte Lager concentrirt zu haben, in den Porphyren von Grunau, Seifersdorf, † Jänowitz, † Kupferberg. Quarz mag nur selten einen Bestandtheil der Schiefer ausmachen; z. B. bei Rohnau.

(Die mit einem † bezeichneten Angaben in dieser Anmerkung rühren von Beobachtungen her, welche früherhin von Bergbeamten, und zwar meist von dem Herrn Einfahrer Singer angestellt worden sind. Dieser schlug auch zuerst den Namen: „Grünschiefer" für das Gestein des Bleibergs vor.)

(31) Außerdem zeigt sich Porphyr an den in der vorigen Anmerkung genannten Punkten.

(32a) Den Kalkstein bei Grunau führe ich nach Angabe des Herrn Berg-Rath Warendorf an. Über das Lagerungs-Verhältniß des Kalksteins von Rothzechau muß ich noch genauere Untersuchungen anstellen. Nach den vielen Gneußspuren zu urtheilen, welche sich im Liegenden des dasigen alten und neuen Kalksteinbruchs finden, liegen beide vielleicht schon auf der Gränze von Gneuß und grünen Schiefern. Weigel führt außerdem körnigen Kalkstein bei Prittwitzdorf, Wüst-Röhrsdorf, Rohnau und Reussendorf an. —

(32b) Ich sann lange hin und her, ehe ich mich für die gewählte Bezeichnung der Kalksteinlager auf der Karte entschied. In der Regel giebt man nur die benutzten Lager an. Wie sehr hängt jedoch die Benutzung von Lokal-Umständen ab. Unbedeutende Lager werden in Kalksteinarmen Gegenden bebaut; in Kalksteinreichen, oder auch tief im Gebirge bleiben dagegen häufig beträchtliche Kalksteinlager unberührt. In geognostischem Betracht verdienen überhaupt benutzte Kalksteinlager nur deswegen vorzügliche Rücksicht, weil sie gewöhnlich ausgezeichnet mächtig sind. Ist aber die Mächtigkeit der einzige Grund; so müssen alle und jede mächtige Kalksteinlager, bebaute und nicht bebaute, angegeben werden. Wie mächtig muß aber ein Lager seyn, um Anzeige auf der Karte zu verdienen? Setzte ich ein Maaß fest, und hielt mich bei der Bezeichnung streng an dasselbe; so gerieth ich in methodischen Unsinn. Angenommen z. E. 2 Lachter sei dies Maaß; so muß ein einzelnes Lager von 2 Lachter Mächtigkeit angegeben, hingegen eine ganze Folge von etwa 1 Lachter mächtigen Lagern, welche jedoch durch mehr oder minder starke Zwischenschichten von Schiefern getrennt sind, unberücksichtigt bleiben. Ich sah, daß es also besser sei, mich nicht an ein bestimmtes Maaß einzelner Kalksteinlager zu binden, daß es vielmehr überhaupt auf das Verhältniß der Quantität des Kalksteins, welcher in den Schiefern ꝛc. liegt, zu diesen Schiefern ankomme, gleich viel, ob er wenige mächtige Lager oder viele schmale bildet, ja selbst gleich viel, ob unzählige dünne Kalksteinlagen mit unzähligen dünnen Schieferlagen wechseln.

Müssen aber auch diese letzteren Fälle und nicht blos die mächtigeren Kalksteinlager berücksichtigt werden, so ist dies nur möglich, indem der Hauptzug alles Kalksteins angezeigt wird. Die Richtung dieses Zuges wird durch die Streichungslinien der einzelnen Kalksteinlager bestimmt. Diese Streichungslinien laufen meist der innern Gränze der Schiefer parallel. So nahe der inneren Gränze, als ich Kalkstein gefunden, wollte ich wo möglich den Hauptzug angeben, um auch durch die Karte die gemachte Erfahrung anschaulich darzulegen, daß sich der Kalkstein meist fast unmittelbar mit der Metamorphose des (Kalksteinleeren) Granits und Gneußes einfindet.

Die Bezeichnung des Hauptstreichens alles nahe und längst der inneren Gränzlinie der Schiefer in diesen Schiefern sich findenden Kalksteins war also, um es zu wiederholen, mein Zweck. Was mich darin bestärkte, nur den Hauptzug des Kalksteins anzugeben, war: daß ich mich von der fast immer statt findenden Unmöglichkeit überzeugte, der Identität selbst mächtiger und benachbarter Kalksteinlager gewiß zu werden. Wie nahe liegt nicht z. B. der Röhrsdorfer Kalksteinbruch denen von Schmottseiffen. Es ist mir aber unmöglich zu bestimmen, auf welchem der vielen Schmottseiffener Kalksteinlager der Röhrsdorfer angelegt ist, und eben so wenig, ob dieses Röhrsdorfer Lager mit dem Wüntschendorfer in ununterbrochenem Zusammenhange steht; daß aber der Hauptzug des Kalksteins von Schmottseiffen über Röhrsdorf nach Wüntschendorf geht, zeigen die Streichungslinien, und selbst die Bauern der Gegend wissen es sehr wohl. Hieraus ergiebt sich auch schon, daß, wenn ich das Hauptstreichen des Kalksteins angeben wollte, nicht immer benachbarte Kalksteinbrüche mit einander verbunden werden durften. Es war augenscheinlich, daß einige Kalksteinlager der inneren Gränzlinie der Schiefer näher, tiefer im Liegenden, andere von ihr entfernter, weiter im Hangenden lagen. Ihre Streichungslinien hatten daher wohl eine Richtung, zeigten aber keinesweges schnurstracks nach einander hin. Verband ich nun solche Kalksteinlager; so hätte ich gegen die Weisung der speciellen Streichungslinien gefehlt, und überdies würde statt der

Repräsentation der wahren Haupt-Streichungslinie, eine Zickzackbezeichnung entstanden seyn. Ich gab daher, um dies zu vermeiden, den Hauptzug öfters so an, daß einige Kalksteinlager, welche weiter im Hangenden lagen, auf der einen; einige, welche mehr im Liegenden, auf der andern Seite desselben zu liegen kamen. Als Beispiel führe ich die Kupferberger Gegend an. Die Kalksteinlager am Bleiberge und auf der Friedericke Juliane liegen weiter im Hangenden, als das zwischen Kupferberg und Waltersdorf gelegene. Das Zeichen des Hauptzugs läßt jene auf der einen, dieses auf der andern Seite liegen.

Ob die gewählte Bezeichnung des Kalksteins beibehalten werden kann, wenn die Untersuchung, besonders ostwärts, weiter ausgedehnt und eine umfassendere Karte entworfen wird, muß diese Untersuchung selbst am besten lehren. Ich will deshalb nichts darüber vorgreifen, und mache nur darauf aufmerksam, daß mir die gewählte Bezeichnung für den untersuchten Gebirgsbezirk als das beste erschien.

Auf die Kalksteinlager von Raspenau und Chemnitz, so wie auf den Kalksteinzug von Albendorf nach Wittkowitz, leidet diese Anmerkung nur zum Theil Anwendung.

(32c) Die Angaben der metallischen Vorkommnisse sind theils nach eigener Beobachtung, theils nach Weigel, theils nach Bergbeamten, welche früherhin diese Gegend bereist und geognostisch untersucht haben.

(33) Vom Passe nach Dittersbach, und zum Theil nach Hermsdorf hinab, fallen die Schiefer nördlich, was

vermuthlich mit den dortigen Kalksteinlagern in Beziehung steht. Vergl. die 27ste Anmerk.

(34) Außer mehreren schon berührten schwachen Seiten meiner Untersuchung der grünen Schiefer, bemerke ich hier noch, daß ich zweimal durch starken Nebel gehindert ward, einen wichtigen Weg zu machen, nämlich von Kupferberg über den Ochsenkopf, Röhrsberg und Friesensteinberg, (Landshuter-Berg bei Hofer) nach dem Hohwalder-Ausgespann.

Beim Waltersdorfer Kalksteinbruche sahe ich Spuren von Gneuß. Nach einer Nachricht des Herrn Einfahrer Singer findet sich Gneuß auf dem Ochsenkopf und Röhrsberge, womit Weigels Angabe von Gneuß bei Kreuzwiesen und Röhrsdorf übereinstimmt. (Th. 2. p. 113.) Von Rothzechau an kannte ich diese Gebirgsart selbst. Aus Zusammenstellung der fremden Beobachtungen mit den eigenen, gieng die Bestimmung der Gränzlinien von Gneuß und grünem Schiefer in dieser Gegend hervor.

Auch ist das Verhältniß der grünen Schiefer zu den Glimmerschiefern der 4ten Familie noch nicht genau bestimmt. Auf dem Passe ist Glimmerschiefer im alten Kalksteinbruche; in seinem Hangenden nach Dittersbach zu folgt grüner Schiefer. (Vergl. jedoch die vorige Anmerkung.)

(35) Diese Angaben sind wiederum theils nach eigener Beobachtung, theils nach Weigel und den Acten.

(36) Die Charakteristik der Familie des Gneußes ist sehr unvollkommen, theils weil die Untersuchung noch nicht hinlänglich genau geführt ist, dann, weil die Gegend große Schwierigkeiten entgegen stellt. Ich bemerke:

1. der nordöstliche Theil des Gneuß-Distrikts vom

Ochsenkopf bis Rothzechau muß untersucht werden, wie sich aus der 34sten Anmerkung ergiebt.

2. Von Rothzechau über das Hohwalder Ausgespann, den Gebirgskamm entlang bis nahe am Passe sah ich nur Blöcke und Stücke von Gneuß — anstehend Gestein fand ich erst bei Alt Schmiedeberg, Arnsberg und auf der Mordhöhe. Von Alt Schmiedeberg über die Forstbauden bis zur Placknitz bei Wolfshau zeigen sich wieder nur herumliegende Blöcke. Diese, wie die Felsen an der Placknitz und das anstehende Gestein an der Lomnitzseite der Lehne, neigen sich — wie gesagt — bald mehr zum Granit, bald mehr zum Gneuß. Unter diesen Umständen ward es mir sehr schwer, die innere Gränzlinie zu bestimmen.

Meine Anhaltpunkte waren: der ächte Granit bei Schmiedeberg; der am langen Wasser oberhalb Busch-Vorwerk; der an der Lehne bei Krummhübel auf der Seite nach dem Giftseiffen zu — zuletzt der Granit am Fusse des Forstkammes.

Die durch diese angegebenen Punkte gezogene Gränzlinie läuft nun so, daß sich nordwestlich von ihr (im Liegenden) nur ausgezeichneter Granit (und Porphyr) findet — südöstlich von ihr (im Hangenden) kein ausgezeichneter Granit, sondern das oft erwähnte bastardartige körnig-flasrige (bei Wolfshau) geschichtete Gestein und ausgezeichneter Gneuß. Daß die Gränze sich wirklich bis an die Lehne tiefer zurück ziehe, dafür sprachen auch viele Blöcke am Giftseiffen, welche dem Gestein des Hohsteins bei Schreibershau ganz ähnlich waren — anstehend fand ich sie noch nicht. Die äußere Gränze des Gneußes, vorzüglich zwischen dem Paß und dem Eulenküppel muß auch weit schärfer gezogen werden — wenn es möglich ist.

(37) Ueber das Gestein der Schneekoppe ist gestritten worden: ob es Gneuß oder Glimmerschiefer zu nennen sei. Meine Meinung steht im Texte. Auffallend war es mir, selbst in den mit Granit abwechselnden Schieferlagen, kein Stück mit ganz deutlichem Feldspath zu finden. Doch bin ich weit entfernt, behaupten zu wollen: es sei durchaus kein Feldspath im Schneekoppengestein, und führe vielmehr Weigels 3 Beschreibungen dieses Gesteins an, von denen die erste von der meinigen abweicht. Er sagt:

„Die unter und an dem Gipfel der Koppe herum liegenden Geschiebe (sie erstrecken sich über den ganzen Ziegenrücken hin bis an die schwarze Koppe, Ziegenrücken nennt Weigel den Forstkamm) sind Gneuß. Man findet davon drei Abänderungen:

1. aus vielem Glimmer quarziger Bildung mit Feldspathkörnern und Stängeln nach der Länge der Streifen vermengt;
2. ein Bestandtheil, der Feldspath, fehlt ganz;
3. viel Quarz, welcher mit Feldspath umgeben ist, der in gelblichen Thon aufgelöst zu seyn scheint; er formirt mit der verwitterten Glimmermaterie streifige Lagen."

(38 a) Sehr häufig sind dergleichen weisse Stücke auf dem Brunnberge und Ziegenrücken. Doch ist das durch Verwitterung herausgetretene weiße Skelett für reinen Quarz nicht hart genug, es scheinen vielmehr Feld-

spath und Quarz hier und öfters im Gestein dieser Familie wie zusammengeflossen zu seyn.

(38 b) Die Granaten des Granatenlochs kenne ich nur aus Handstücken.

(39) Ich werde dies Gestein ebenfalls genauer beschreiben, sobald ich es genauer untersucht habe. Vorläufig erwähne ich nach den von mir gemachten Beobachtungen folgendes: Wahren Gneuß fand ich bei Klein-Aupa und Hekelsdorf (an der Elbe) — wahren Glimmerschiefer bei Hohenelb, Beneko.

Am häufigsten sah ich ein Zwittergestein von Gneuß und Glimmerschiefer, welches meist blaulich-grau, und auf dem Hauptbruche die glatte glänzende Fläche des Glimmerschiefers zeigt. — Auf dem Queerbruche aber sieht man eine Menge kleiner Feldspathkrystalle, welche, nach Art der Granaten, im Schiefer liegen — seltner sind längliche Quarznieren. Dies Gestein findet sich bei den Fichtigbauden, bei Marschendorf, Wittkowitz rc. Wenn der Feldspath vorherrschend wird; so ist der Hauptbruch nicht so glatt, sondern mehr blattersteinartig; zum Theil auch, wie es scheint von ausgewitterten kleinen Feldspathkrystallen, porös. So z. B. bei Ochsengram, Wittkowitz rc.

(40) Die mit J. bezeichneten Nummern sind nach Jiraseks und Grubers rc. Beobachtungen auf Reisen nach dem Riesengebirge angegeben; Nr. 14 nach einer mündlichen Mittheilung des Herrn Bergrath Warendorf in Kupferberg — Nr. 9 nach einer Stuffe, welche mir im Gräflich Morzinschen Schlosse zu Hohenelb gezeigt ward, mit der Angabe, daß dieselbe bei Hohenelb gebrochen — Nr.

13 nach Stücken, welche ich beim Herrn Kaufmann Rieger zu Sahlenbach nebst Messingproben sah, zu denen dieser Gallmei genommen worden — Nr. 6, 11, 12, 15 schlug ich an den Geburtsstätten — Nr. 2. besitze ich in Handstücken, Nr. 1 auch zum Theil, zum Theil gab ich nach Weigel an.

Es bedarf noch einer genaueren Untersuchung der Bergwerke im Aupengrunde und bei Harrachsdorf, um festzusetzen, ob die dasigen metallischen Fossilien in den Schiefern oder noch auf der Seite des Granits brechen.

(41) Bei Schreibendorf, Hohenelb, den Füllebauden war das Fallen in N. O. unter andern auch in den Kalksteinbrüchen an letzt genannten Punkten — bei Wittkowitz war es wieder in S. W. vergl. die 7te Anmerkung.

Wie es aber auch mit diesem Fallen beschaffen seyn mag; so sind die angegebenen Abnahmen längst der Gränze des Granits von der Schneekoppe bis zur Kesselkoppe durchaus unzweideutig.

(42) Der Wechsel von Granit und gneußartigem Glimmerschiefer auf der Schneekoppe darf nicht befremden, da selten die Gebirgsart im Liegenden mit einem Schlage von der bedeckenden verdrängt wird, sondern auf der Gränze beider meist, entweder dergleichen Wechsel, oder allmählige Uebergänge des Gesteins, oder beide zugleich statt finden.

(43) Bei Langenau und Hohenelb begränzt Rothes Liegendes die Schiefer. Wahrscheinlich zieht sich dies über Marschendorf — wo ich Spuren fand — nach Schatzlar rc. —

(44) Die Kalksteinbrüche von Albendorf und Wittkowitz habe ich nicht besucht, sondern nach mündlichen Nach-

richten angegeben. Eben so kenne ich den Kalkstein am Burghübel über Schwarzenthal und den in Hanepetershau nur aus Jirasek.

Was die Bezeichnung der Kalksteinlager auf der Karte anbelangt; so verweise ich auf die 32bste Anmerkung, zu welcher ich dies hinzufüge:

Ein Theil der Kalksteinlager im Reviere der 4ten Familie — wie der bei den Fichtigbauden, Füllebauden ꝛc. — liegt tief im Gebirge; ein anderer — bei Hoh-nelb, Langenau — mehr am Fusse desselben, im Hangenden des ersteren, von ihm durch Glimmerschiefer ꝛc. getrennt.

Nun glaubte ich nach Anleitung der beobachteten Streichungslinien den Zug jener tieferen Kalksteinlager für sich andeuten zu müssen, und eben so den der Lager im Hangenden für sich.

Den Kalkstein von Hohenelb verband ich mit dem Langenauer, weil die Identität der Streichungslinien und die Ähnlichkeit des Gesteins dafür sprachen. Das in der 41sten Anmerkung angeführte widersinnige Fallen berücksichtigte ich aus den in der 7ten Anmerkung angegebenen Gründen nicht. —

Es ist jedoch noch die genaueste Verfolgung der beiden angegebenen Züge nöthig, besonders muß auch bestimmt werden: ob der Kalkstein bei St. Peter und den Spaltebauden nicht einen dritten noch tiefer im Gebirge streichenden Zug bildet — dann ist der wahrscheinliche Zusammenhang zwischen dem Kalkstein bei Rochlitz und dem von Przichowitz aufzusuchen. —

(45) Das schlechte Wetter, der Mangel einer guten Karte, zum Theil auch Unkenntniß der böhmischen Sprache, erschwerten mir die kurze Bereisung des Bezirks der 5ten Familie sehr. Ich bemerke besonders folgende Mängel der Untersuchung:

1. es ist keine Auflagerung der Schiefer auf Granit angegeben, welche zwischen Přzichowitz und Langenbrück wohl gefunden werden dürfte, da sich Granit und Schiefer auf diesem Strich dicht neben einander zeigen. Auch bei Machendorf versprach das Gebirg Aufschlüsse.
2. Die vermuthlichen Kalksteinlager zwischen Przichowitz und Schinsdorf hätten aufgesucht, auch die Verbindung zwischen dem Kalkstein des Jäschkenkammes und dem von Christophsgrund genauer verfolgt werden sollen.
3. Sind genauere Nachrichten über metallische Vorkommnisse in den Schiefern einzuziehen.
4. Ist das Verhältniß der Thonschiefer zur Granit-Gneuß-Formation nicht aufgehellt, so wenig wie das Verhältniß zu den gneußartigen Glimmerschiefern.

(46 a) Aus dem 24sten §. ergiebt es sich, daß die Thonschiefer (im Hangenden der 1sten Familie), die 2te, 4te und 5te Familie als coordinirte, in der Streichungslinie sich verwandelnde Gebirgslager, und daher als Eine große Familie angesehen werden können, weshalb auch auf der Karte der Zug des Kalksteins fortlaufend in ihnen angegeben ist.

(46 b) Ich brauche dem sachkundigen Leser wohl kaum bemerklich zu machen, wie dieses Resultat meiner Untersu-

chung die durch Werner zuerst aufgestellte Trennung der Formationen des Schiefers und Kalksteins bestätigt, welche Formationen von Steffens umfassender und tiefer in ihrer Entgegensetzung aufgefaßt und charakterisirt wurden.

(46 c) Vergl. die Anmerkung 8 b.

(47) Das bedeutendste Auftreten von metallischen Fossilien im Bezirk der 1sten Familie, nächst dem im Glimmerschiefer, ist bei Schreibershau; aber auch hier keinesweges im Gneuß oder Granit, sondern in einem chaotischen Gestein. (§. 9 und §. 25.) Ueberhaupt scheint von allen im §. 10 angeführten metallischen Fossilien nur das erste — der Schwefelkies bei Flinsberg — im Gneuß, keins im Granit zu brechen. —

(48) Dies Resultat weist von neuem darauf hin, daß die metallischen Fossilien keinesweges in einem zufälligen, sondern in einem wesentlichen Verhältnisse zu den Gebirgslagern stehen, in denen sie brechen, mögen sie auf Gängen oder Lagern rc. vorkommen. Wahrscheinlich wird eine genauere Untersuchung mannigfaltige Belege für die von Heim (im Cap. vom 1sten Flötzkalkstein) aufgestellte Theorie über die Lagrungsverhältnisse metallischer Fossilien geben.

# Erster Anhang.

Ich füge eine kurze Angabe meiner geognostischen Touren innerhalb des beschriebenen Gebirgsbezirks bei, damit die Leser genau erfahren, wo ich gewesen bin und wo ich nicht gewesen bin.

## 1811.

Röhrsdorf bei Liebenthal. Liebenthal. Ottendorf. Greiffenstein. Liebenthal. . . . Grunau. Hirschberg. Stonsdorf. Hartau. Maiwaldau. Jännowitz. Kupferberg. . . . Rohnau. Röhrsdorf. Rothzechau. Schmiedeberg. Buchwald. Busch-Vorwerk. Steinseiffen. Queckseiffen. Hampelbaude. Wiesenbaude. Koppe. Kleine Sturmhaube. . . . Schneegruben. Kochelfall. Petersdorf. Krummenau. Chemnitz Johnsdorf. Hennersdorf. Liebenthal. Friedberg. Röhrsdorf. Giehren. Krobsdorf. Ullersdorf. Flinsberg. . . . Liebenthal. . . . Spiller. Berthelsdorf. Reibnitz. Hirschberg. Lomnitz. Schmiedeberg. Paß. Dittersbach. Pfaffendorf. . . . . Hohwalde. Paß. Hermsdorf. . . . . . Hirschberg. Warmbrunn. Petersdorf. Carlshäuser. Kobelhäuser. Große Iser. Kamphäuser. Flinsberg. Schwarzbach. Hermsdorf.

Neustädl. (Friedland. Hirschfeld. Herrnhut. Löbau. Bautzen. D reden.)

## 1812.

Maiwaldau. Schildau. Buchwald. Schmiedeberg. Steinseiiffen Krummhübel. Koppe. ... Schmiedeberg. Arnsberg. Hohe Wiese. Börndorf. Neu F schbach. Waltersdorf.. Kupferberg. ... Grunau. Hirschberg. Petersdorf. Großes Rad. ... Koppe. Schwarze Koppe. Gränzbauden. Schmiedebrg. Klein = Aupa. Marschendorf. Johannisbad. Schwarzenthal. Langenau. Hohenelb. Schreibendorf. Beneko. Wittkowitz. Jerusalem. Sahlbach. Rochlitz. Passecki. Przichowitz. Polaun. Dürre Häuser. Wittichenhaus. Iserkamm. Flinsberg — Tafelfichte. Schwarzbach. Krobsdorf. Kessel. Giehren. Förstel. Querbach. Kunzendorf. Ludwigsdorf. Seifershau. Petersdorf. Kaiserswalde. Voigtsdorf. Gotschdorf. Cummersdorf. Hirschberg. Schmiedeberg. Wolfshau. Forstbauden. ... Schmiedeberg. Forstbauden. Kcppe. Brunnberg. St. Peter. Friedrichsthal. Schüsselbauden. Krknoschberg. Kesselkoppe. Hofbauden. Seiffenbach. Harrachsdorf. Neu Welt. Wurzeldorf. Przichowitz. Tonawald. Hammerdorf. Sbitky. Schumburg. Marschwitz. Kukan. Seidenschwanz. Rädl. Langenbrück. Schinzdorf. Jeschkenberg. Rochlitz. Reichenberg. Rosenthal. Parzdorf Machendorf. Christophsgrund. Engelsberg. Kratzau. Neudorf. Einsiedl. Hohwald. Dittersbach. Raspenau. Liebwerda. Heindorf. Raspenau. Wüst Gut. Wüst Olbersdorf. Einsiedl. Schönborn. Neu Habendorf.

Cunnersdorf. Luxdorf. Grunewald. Schlag. Wiesenthal. Morgenstern. Tonawald. Brand. Deschendorf. Polaun. Wazelborn. Keulichter Buchberg. Carlsthal. Schreibershau. Petersdorf. Hermsdorf. Giersdorf. Seidorf. Arnsdorf. Schmiedeberg. Stonsdorf. Herisdorf. Gotschdorf. Hirschberg. Reibnitz. . . . Liebenthal. Geppersdorf. Schmottseiffen. Liebenthal. Ottendorf. Langwasser. Spiller. Matzdorf. Riemendorf. Mauer. Wüntschendorf. Ullersdorf. Liebenthal. Krummen Oels. Waldhäuser. Greiffenstein. Rabishau. Börngrütz. Johnsdorf. Hennersdorf. Liebenthal. Friedberg. Neustädl. Liebwerda. Tafelfichte. Flinsberg. Den Queis aufwärts. Schreibershau. Schwarze Berg. Kaiserswalde. Petersdorf. Ochsenstall. Kemnitzberg. Querbach. Greiffenthal. Kessel. Flinsberg. Kamphäuser. Iser. Kobelhäuser. Carlsthal. Weisser Flinsberg. Hohstein. Schreibershau. . . . Hirschberg. Waldhäuser. Bober Röhrsdorf. Grunau. Berbisdorf. Maiwaldau. Kupferberg. Rohnau. Röhrsdorf. Rothzechau. Schmiedeberg. Paß. Dittersbach. Haselbach. . . . . Seifersdorf. Rohrlach. Fischbach. Berndorf. Buchwald. Schmiedeberg. Lomnitz. Schwarzbach. Herisdorf. Gotschdorf. Lauspelz. Chemnitz. Hindorf. Blumendorf. Cunzendorf. Querbach. Rabishau. Todter Stein. Steinau. Krobsdorf. Ullersdorf. Flinsberg. Hermsdorf. Meffersdorf. Mark-Lissa. Hartmannsdorf. Hennersdorf. Neustädl. Lustorf. Carolinenthal. Mildenau. Raspenau — Neustadl. . . . Querbach. Hirschenstein. Kahler Berg. Neu Sorge. Neu Chemnitz. Chemnitz. Voigtsdorf. Kummerhort. Nieder Chemnitz. Johnsdorf. . . . Liebenthal. Schmottseiffen. Röhrsdorf. Geppersdorf.

Ullersdorf. Spiller. Riemendorf. Neu Mühl. Bober Ullersdorf. Bober Röhrsdorf. Voigtsdorf. Warmbrunn. Merzdorf. Seidorf — Schmiedeberg. Wolfshau. Koppe. Rennerbauden. Füllebauden. Pummeldorf. Hohenelb. Hekelsdorf. Ochsengram. Friedrichsthal Ziegenrücken. Wiesenbaude. . . . Schmiedeberg. . . Fischbach. Rohrlach. Neu Jännowitz. Kupferberg.

# Zweiter Anhang.

Die von mir zusammen gebrachte geognostisch-geographische Sammlung besteht, wie ich im Vorbericht erwähne, aus 514 Stücken. In der Regel sind dieselben von 4 Zoll Länge, 3 Zoll Breite und etwa 1 bis 2 Zoll Dicke. Jedes Stück ist mit einer 3 bis 4 Zoll langen, ¼ Zoll breiten Etiquette versehen, welche an der Fläche des Stücks, auf welcher es liegt, angeklebt ist und etwa 2 Zoll hervorsteht. Die Anordnung ist mit geringen Modifikationen nach Maasgabe der Beschreibung nnd Karte folgende:

## I. der Central-Granit.

A. Granitstücke rings längst der Gränze geschlagen.

Der Granit der Schneekoppe macht den Anfang, ihm folgt der vom Ziegenrücken, diesem der vom Verein des Weißwassers und der Elbe — und so weiter, bis Granitstücke von Krummhübel und der kleinen Koppe sich wieder an den von der Schneekoppe anschließen. 41 Stücke.

B. Granitstücke in der Mitte des Granitbezirks geschlagen:

a. im westlichen Theile 12 Stücke;

b. im östlichen Theile dieses Bezirks 32 Stück.

## II. die den Granit umgebenden Gebirgsfamilien.

### 1. die Gneuß = Granit = Familie.

A. Stücke längst der innern Gränze dieser Familie von Kratzau bis zum Sechsstädter Berg bei Hirschberg geschlagen 57 Stück.

B. Stücke zwischen jener innern Gränze und dem Glimmerschieferlager geschlagen 50 Stück.

C. Stücke vom Glimmerschieferlager und den ihm untergeordneten Kalkstein = Erzniederlagen 51 Stück.

D. Stücke aus dem Hangenden des Glimmerschieferlagers (excl. E.) 44 Stück.

E. Stücke längst der äußern Gränze der Granit = Gneuß-Familie (von Krummenöls bis zum Sechsstädterberge bei Hirschberg) geschlagen 25 Stück.

F. Stücke aus verschiedenen untergeordneten Lagern der Granit = Gneuß = Familie 15 Stück.

G. Stücke von den Thonschiefern der äußern Gränzgebirgslager der Granit = Gneuß = Familie 9 Stück.

Anhaltsweise als Belege für die Lagrungsverhältnisse — grobflasriger Gneuß, der bei Chemnitz und Krobsdorf auf Glimmerschiefer liegt, und dieser Glimmerschiefer selbst 5 Stücke.

### 2. die grünen Schiefer.

Stücke meist längst der innern Gränze der Schiefer geschlagen, von den Waldhäusern unweit Grunau bis nahe Hermsdorf, unweit dem Paß. 20 Stück.

### 3. der Gneuß.

A. Stücke von Rothzechau bis Wolfshau geschlagen 21 Stück.

B. Stücke von den dem Gneuße untergeordneten Kalksteinlagern 2 Stück.

### 4. die gneußartigen Glimmerschiefer.

A. Stücke längst der Gränze der Glimmerschiefer und des Gneußes vom Paß bis zum Forstkamm geschlagen 8 Stücke.

B. Stücke längst der Gränze der Glimmerschiefer und des Central - Granits von der Schneekoppe bis Przichowitz geschlagen 17 Stück.

C. Stücke im Hangenden der Gränzstücke (von A. B.) geschlagen 17 Stück.

### 5. die Thonschiefer.

Stücke längst der innern Gränze der Schiefer von Hammerdorf bis Engelsberg geschlagen 11 Stück.

## III. die Kalksteinlager.

Den Anfang machen Stücke aus den nordöstlichsten Kalksteinbrüchen bei Welkersdorf, denen der Streichungslinie nach die von Schmottseiffen, Röhrsdorf rc. folgen und so fort, bis Stücke aus den nordwestlichsten Kalkstein=lagern am Jeschkenberge und bei Christophsgrund den Beschluß machen. 35 Stück.

## IV. Metallische Fossilien.

Sie sind in der Ordnung aufgestellt, wie sie längst der äußern Gränze des Central - Granits vorkommen, so daß die Erze von der Clärner Grube bei Grunau den Anfang machen, die Jännowitzer, Kupferberger, Rohnauer rc. folgen, zuletzt die vom Schwarzenberge bei Schreibershau beschließen, 42 Stück.

Die Erze aus dem Querbacher Glimmerschieferlager, so wie der Kalkstein aus demselben Lager sind in der Rubrik 1. C. zu suchen — der Kalkstein der Gneuß - Familie unter 3. B.

Mildenau
Raspenau
Wüst Ülbersdorf
Mühlscheiben
Einsiedel
Neuendorf
Kratzau
Schönborn
Engelsberg
Christophs
Grund

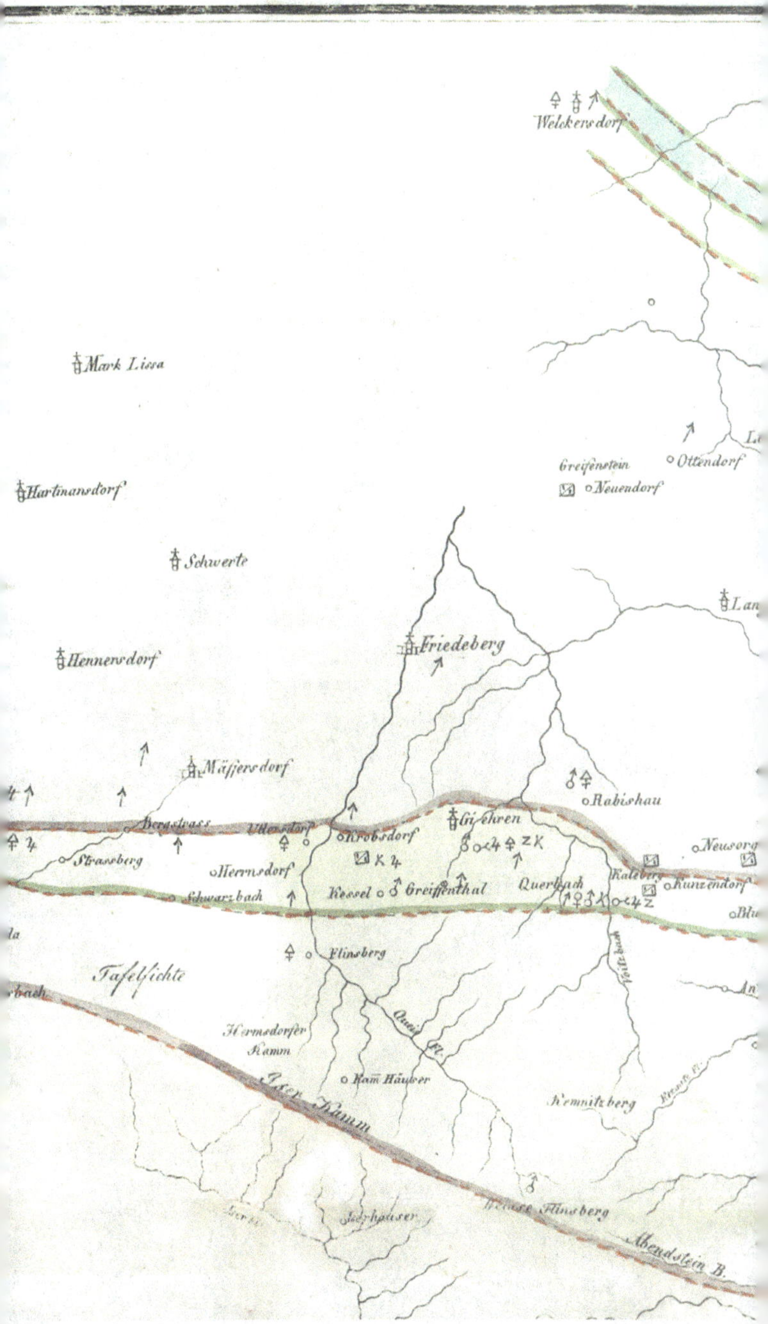
Welckersdorf
Mark Lissa
Greifenstein
Ottendorf
Neuendorf
Hartmansdorf
Schwerte
Friedeberg
Hennersdorf
Mäffersdorf
Rabishau
Bergstrass
Ullersdorf
Krobsdorf
Giehren
Strassberg
Herrnsdorf
Kessel
Greiffenthal
Querbach
Kunzendorf
Schwarzbach
Flinsberg
Tafelfichte
Hermsdorfer
Kamm
Queis Fl.
Kam Häuser
Kemnitzberg
Iser Kamm
Weisse Flinsberg
Iserhäuser
Abendstein B.

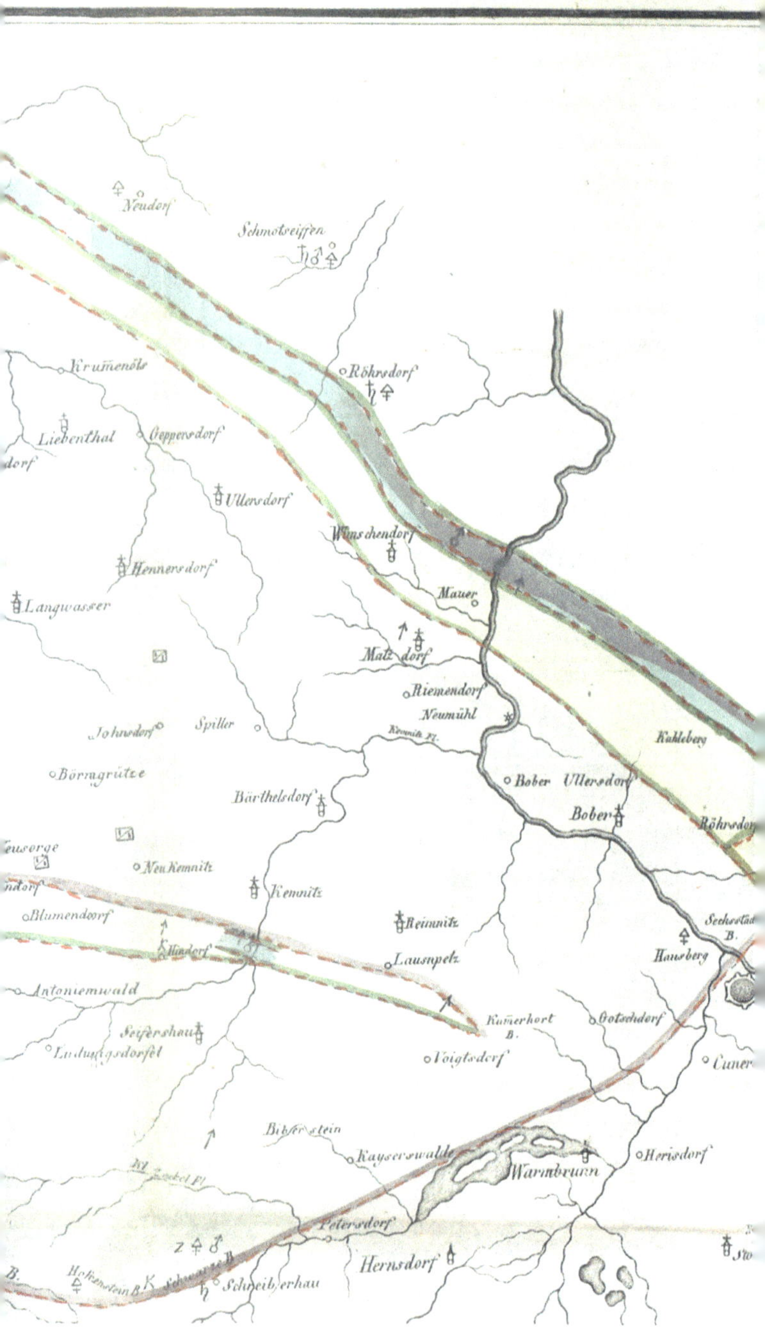

Neudorf
Schmotseiffen
Röhrsdorf
Krumenöls
Liebenthal
Geppersdorf
Ullersdorf
Wünschendorf
Hennersdorf
Langwasser
Mauer
Matzdorf
Riemendorf
Neumühl
Johnsdorf
Spiller
Börngrütze
Kahleberg
Bärthelsdorf
Bober Ullersdorf
Bober
Röhrsdorf
Neu Kemnitz
Kemnitz
Blumendorf
Reimnitz
Hindorf
Lauspelz
Sechsstäd B.
Hausberg
Antoniemwald
Seifershau
Ludwigsdorfel
Kamerhort B.
Gotschdorf
Voigtsdorf
Cuner
Biberstein
Kayserswalde
Warmbrunn
Herisdorf
Zackel Fl.
Petersdorf
Hernsdorf
Schreiberhau

gnostische Skizze
von einem Theile
hen, böhmischen, und lausitzer Gebirges
entworfen von
Carl von Raumer.
Camerswaldau
Maywaldau
Seifersdorf
Jänowit
Rohrlach
Kupfer berg
Waltersdorf
Fischbach
Rohnau

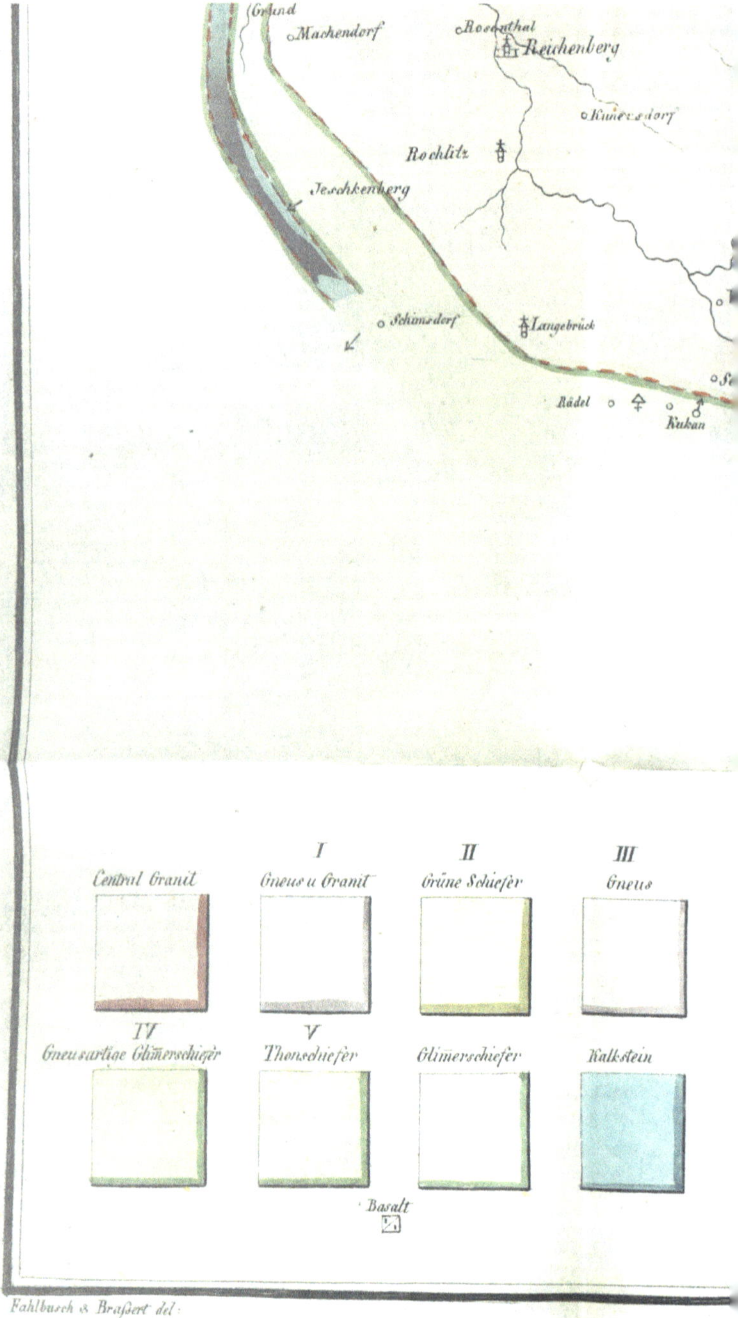


Fahlbusch & Braßert del:

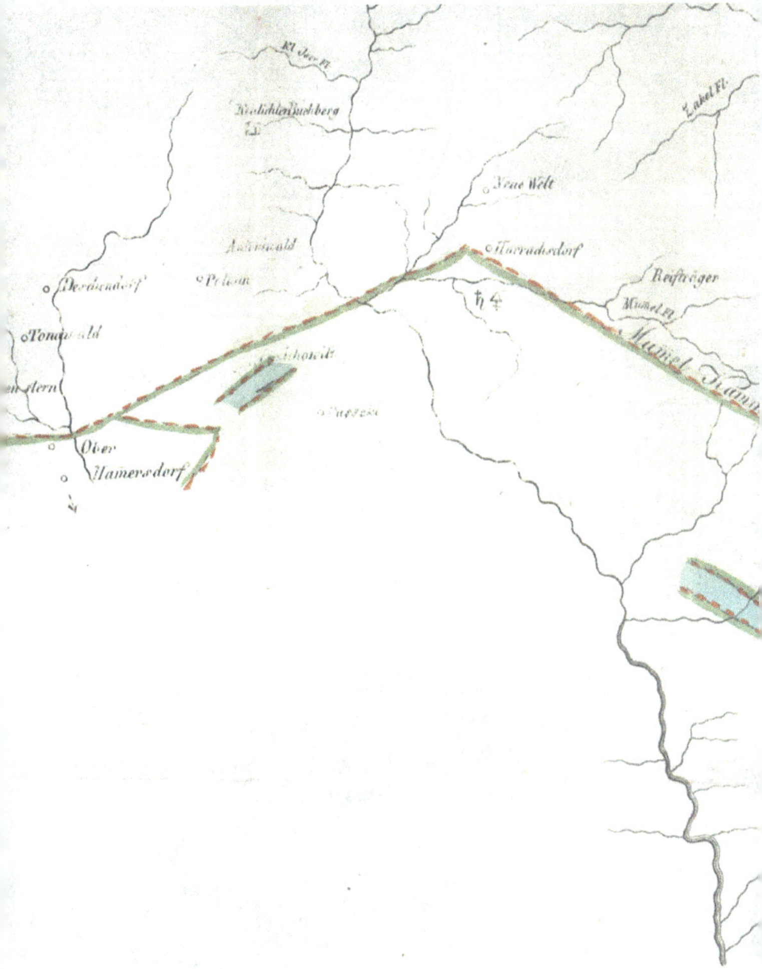

Kl. Iser Fl.
Zakel Fl.
Neue Welt
Harrachsdorf
Reifträger
Pelsan
Ober
Hamersdorf
Mumel Fl.

Seidorf
Vogelstein
Schnee Gruben
Gr. Rad
Gr. Sturmhaube
Kl. Sturmhaube
Elbe Fl.
Kessel Koppe
Karkonosch B.
Silberrand
Weiss Wiesenwasser
Ziegenrücken
Rochitz
Krause Bauden
Witkowitz
Hackelsdorf
Hohenelbe
Elbe Fl.
Hane. Petershau
Ob. Langenau
Gotsch B
Schwarzenthal

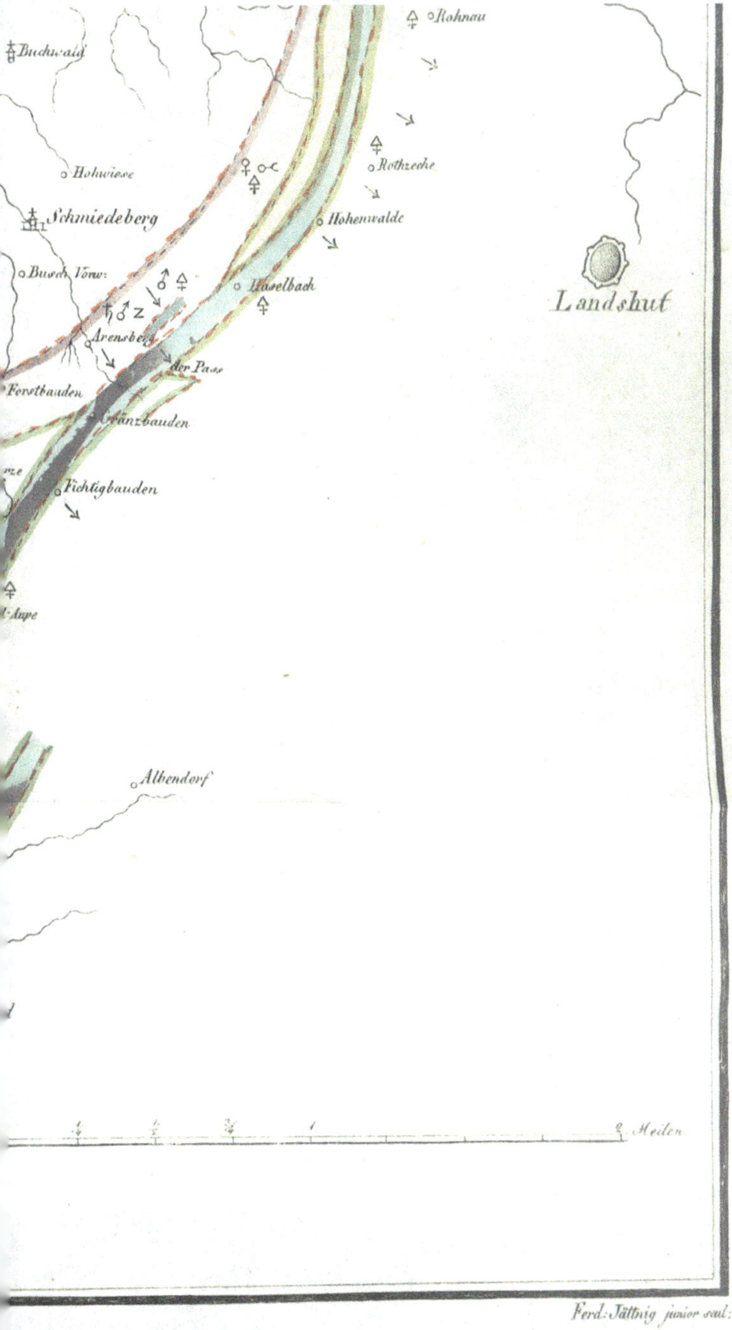
Rohnau
Buchwald
Hohwiese
Rothzeche
Schmiedeberg
Hohenwalde
Busch Vorw:
Haselbach
Landshut
Arensberg
der Pass
Forstbauden
Gränzbauden
Fichtigbauden
Albendorf
Meilen
Ferd: Jättnig junior sculp:

FSC
www.fsc.org
MIX
Papier | Fördert
gute Waldnutzung
FSC® C083411

Kolibri 360 GmbH
Ferdinand-Jühlke-Straße 7
99095 Erfurt, Deutschland
produktsicherheit@kolibri360.de